Copilot for Microsoft 365
ビジネス活用入門ガイド

リブロワークス

● **本書に関するお問い合わせ**

この度は小社書籍をご購入いただき誠にありがとうございます。小社では本書の内容に関するご質問を受け付けております。本書を読み進めていただきます中でご不明な箇所がございましたらお問い合わせください。なお、ご質問の前に小社 Web サイトで「正誤表」をご確認ください。最新の正誤情報を下記のサポートページに掲載しております。

本書のサポートページ

https://isbn2.sbcr.jp/28116/

上記ページの「サポート情報」のリンクをクリックしてください。なお、正誤情報がない場合、正誤表は表示されません。

● **ご質問送付先**

ご質問については下記のいずれかの方法をご利用ください。

Webページより

上記のサポート情報のページ内にある「お問い合わせ」をクリックすると、メールフォームが開きます。要綱に従って質問内容を記入の上、送信ボタンを押してください。

郵送

郵送の場合は下記までお願いいたします。

〒105-0001
東京都港区虎ノ門2-2-1
SBクリエイティブ　読者サポート係

●本書では2024年8月の情報を元に作成されています。異なる環境では画面や入力キーなどが一部異なる可能性がございます。あらかじめご了承ください。
●本書内に記載されている会社名、商品名、製品名などは一般に各社の登録商標または商標です。本書中では®、™マークは明記しておりません。
●本書の出版にあたっては正確な記述に努めましたが、本書の内容に基づく運用結果について、著者およびSBクリエイティブ株式会社は一切の責任を負いかねますのでご了承ください。

© LibroWorks　本書の内容は著作権法上の保護を受けています。著作権者・出版権者の文書による許諾を得ずに、本書の一部または全部を無断で複写・複製・転載することは禁じられております。

はじめに

　本書のテーマである「Copilot for Microsoft 365」は、オフィスの必需品である**Microsoft Office**と、今話題の**生成AI**が一体化したサービスです。日本語で指示するだけで、Word、Excel、PowerPointなどのOfficeアプリを操作することができます。例えばWordであれば、「挨拶状を作って」という指示でビジネス文書を生成し、Outlookであれば「お詫びメールを書いて」という指示でメールを下書きしてくれます。

　特に驚かされるのは**ExcelのCopilot**です。元データを整えておく必要はあるものの、「完了までの期間を表示して」「指定した条件で表示して」「担当者別に売上合計を求めて」といった指示で、仕事をしてくれます。
　その結果として自動的に設定されるのは、**「関数を含む数式」「表引き（VLOOKUP/XLOOKUP関数）」「ピボットテーブル」「条件付き書式」**といった、Excelの中でも難易度が高めとされる機能ばかり。Copilot（副操縦士）がいっしょなら、業務知識さえあれば、Excelを使いこなせるのです。

　Copilotはアイデア次第で幅広い使い方ができますが、逆に何ができるのかわかりづらいともいえます。そこで本書では、「すぐに使える例」を可能な限りピックアップして紹介しました。また、生成結果に不都合がある場合は対処法も説明しています。

　生成AIは、統計的に「それらしいもの」を作り出すプログラムです。時々**「あの人はそれっぽいことをうまくいうけど、実際にはわかってないから」**と評価される人がいますが、生成AIはまさにそのタイプといえます。
　しかし人間の仕事でも、それで通用してしまうことは多く、生成AIにも同じことがいえるでしょう。特にCopilot for Microsoft 365は、Officeアプリの操作に限定した生成AIなので、問題なく使えてしまう局面が多いのです。

　ぜひ、Officeアプリと生成AIの新たなコラボレーションを体験してみてください。

2024年9月　リブロワークス

※2024年後半にサービス名称が「Copilot for Microsoft 365」から「Microsoft 365 Copilot」に変更されました。

Contents

はじめに ———————————————————————————— 3

練習用ファイルのダウンロードについて ————————————— 10

Chapter 1

What is Copilot

Copilotが
オフィスにやってきた

1-1 Copilot for Microsoft 365がオフィスを変える ———————— 12

Officeアプリを生成AIで操作する／あなたが使いたいのはどのCopilot？

1-2 生成AIとはどんなもの？ ————————————————————— 14

生成AIは「それらしいもの」を生成する／

ハルシネーション（幻覚）とうまく付き合う／

AIは常に学習しているわけではない／

RAGを使って生成AIを専門家にする

1-3 Officeアプリで使えるCopilot ———————————————— 18

Copilotの画面インターフェース／Wordで文書作成＆要約／

Excelでデータ処理＆分析／

PowerPointでプレゼンテーションの自動作成／

Outlookで定型メール作成＆要約／Teamsでビデオ会議を分析

1-4 Copilot for Microsoft 365は個人でも使える？ —————— 22

個人向けのCopilot Pro／無料で使えるCopilotとはどんなもの？

1-5 社内データの扱いはどうなるの？ ————————————————— 24

Copilot for Microsoft 365のデータの流れ／

セマンティックインデックスが参照するファイルの種類／

Copilotは無制限に社内データを参照するわけではない／

Copilotがうまく働かないときは保存場所を確認する

Chapter 2

Copilot in Word

Wordで
文章を生成・要約する

Overview **Word の Copilot の特徴** ———————————————— 30

2-1 **送付状を作る** ———————————————————————— 34
短いプロンプトで生成する／情報を追加して調整する／文書の微調整／
1つのプロンプトで生成する

2-2 **ビジネス文書のひな形を作る** ———————————————— 41
ひな形の生成と文書の生成の違い／情報を追加する／
転居の挨拶状のひな形を作る／顛末書（事故報告書）のひな形を作る

2-3 **いまひとつな表現を書き直してもらう** ———————————— 47
書き換え用の文書を生成する／自動的に書き換える／
トーンを指定した書き換え

2-4 **文章を表に変換する** ———————————————————— 54
表に変換しやすい文章について／顛末書（事故報告書）を表にする／
送付状を表にする

2-5 **長い文章を要約する** ———————————————————— 59
要約用の企画書を生成する／企画書を要約する

2-6 **参考用のファイルを挿入する** ———————————————— 62
Word ファイルの要約を挿入する／
PowerPoint の発表原稿の下書きを生成する／
複数ファイルを参考に下書きを生成

2-7 **文章を校正する** —————————————————————— 69
Copilot で校正をする／エディターで校正をする

5

Chapter

3

Copilot in Excel

Excelで
数式や集計表を生成する

Overview	**Excel の Copilot の特徴**	74
3-1	**元になるテーブルを用意する**	78
	テーブルを用意する前に／表をテーブルにする／	
	CSV 形式のファイルを Power Query で開く／	
	CSV 形式のファイルのリンクを切断する	
3-2	**「単価×数量」の列を追加する**	86
	数式列を追加する	
3-3	**大きい順に順位を表示する列を追加する**	88
	関数を使って順位を求める	
3-4	**曜日を表示する列を追加する**	90
	日付から曜日を求める	
3-5	**開始月から終了月までの期間を表示する**	92
	期間を日数で表示する／期間を月数で表示する／DATEDIF 関数を使う	
3-6	**条件によって表示を変える列を追加する**	96
	条件によって表示を変える／複数の条件を組み合わせる／	
	複数の列を元にした条件を組み合わせる	
3-7	**区切り文字で文字列を分割して列を追加する**	100
	1つのプロンプトで複数列を追加する	
3-8	**単価を四捨五入した列を追加する**	104
	プロンプトに求める桁を入力する	
3-9	**担当者IDから担当者名を表引きする**	106
	プロンプトで表引きする	
3-10	**別シートの対応表を使って表引きする**	108
	別のシートに対応表を配置する	
3-11	**表引きで #N/A エラーが表示されないようにする**	110
	プロンプトに1文追加して #N/A エラーを非表示に	
3-12	**ビジネスにおける指標を求める**	113
	指標の名前だけで数式を生成する／プロンプトで必要なデータを確認する	

3-13	指定した列の平均値を表示する	117
	平均値のピボットテーブルを作成する／平均値をテーブルの集計行にする	
3-14	担当ID別に月別の合計値を表示する集計表を作る	121
	回収月別の売上高の合計値をまとめた集計表を作成する／	
	フィルターの追加と集計期間単位の変更	
3-15	担当ID別に月別のデータ数を表示する集計表を作る	127
	集計表の列・行・値に設定する内容をプロンプトに入力する	
3-16	Copilotにおまかせで分析してもらう	129
	Copilotに分析してもらった情報をシートに追加する／	
	複数の分析の提案を一度に確認する	
3-17	セルの書式設定を行う	133
	書式設定をリストにしてプロンプトに入力する	
3-18	棒グラフ、折れ線グラフ、円グラフを作成する	135
	棒グラフを作成する／折れ線グラフを作成する／円グラフを作成する	
3-19	データを並べ替える	139
	1つの列を基準に並べ替える／複数条件で並べ替える	
3-20	データを絞り込む	141
	同じ値を持つデータを絞り込む／日付フィルターで絞り込む	
3-21	特定のデータを強調する	143
	条件と書式を指定する／条件を修正するには	
3-22	データバーを設定する	147
	さまざまな指定でデータバーを設定する	

Chapter 4

Copilot in PowerPoint

PowerPointで プレゼンテーションを生成する

Overview	PowerPointのCopilotの特徴	152
4-1	プレゼンテーションを作る	156
	Wordファイルを挿入してプレゼンテーションを作る／	
	テーマだけを指定してプレゼンテーションを作る／ノートも生成される	

4-2	**イメージに合ったイラストを追加する**	161
	スライドの背景に入れるイラストを生成する／	
	コンテンツとしてのイラストを追加する	
4-3	**プレゼンテーションを整理する**	164
	セクション分けをする	
4-4	**1枚のスライドを追加で生成する**	166
	不足しているスライドを追加する	
4-5	**プレゼンテーションの要点をまとめる**	168
	プレゼンテーションを要約する／[理解する]に用意されているプロンプト	

Copilot in Outlook

Chapter 5

Outlookで
メールを生成・要約する

Overview	**Outlook の Copilot の特徴**	172
5-1	**今日のスケジュールや未読のメールを教えてもらう**	176
	Copilot にスケジュールを教えてもらう／	
	Copilot に未読のメールを教えてもらう／	
	Copilot とのチャット画面を利用する	
5-2	**お詫びメールの文面を考えてもらう**	180
	メールの文面を作成する／文面を調整する	
5-3	**対話しながらメールの文面を考えてもらう**	184
	出力された文面の修正を指示する	
5-4	**詳細を指示してメールの文面を考えてもらう**	186
	箇条書きでメールの内容を指定する	
5-5	**英文のメールを下書きしてもらう**	188
	生成結果を別の言語に翻訳する	
5-6	**メールの返信を考えてもらう**	190
	Copilot で返信を下書きする	
5-7	**メールの文面をチェックしてもらう**	192
	Copilot にメールの文面をチェックしてもらう	

| 5-8 | メールのスレッドを要約して経緯を理解する | 194 |

Copilot にメールのスレッドを要約してもらう

| 5-9 | 長いメールのやり取りを Word で要約する | 196 |

メールのやり取りをコピーする／Word の Copilot でやり取りを要約する

Copilot in Teams

Chapter 6
Teamsで
会議の議事録を生成する

| Overview | Teams の Copilot の特徴 | 200 |
| 6-1 | Copilot チャットを使って会議について調べる | 202 |

Copilot に会議について質問する／回答に対して質問をする

| 6-2 | ビデオ会議から議事録を起こす | 206 |

文字起こしを開始する／トランスクリプトをダウンロードする／
AI メモで議事録をまとめる

| 6-3 | 会議内容を分析する | 210 |

会議のまとめを確認する／会議の内容を Copilot に質問する

| 6-4 | 録画済みの会議からテキストを起こす | 212 |

会議の録画を Stream で開く／トランスクリプトを生成する／
トランスクリプトを確認・ダウンロードする

Copilot prompt

Chapter 7
プロンプトを極める

| 7-1 | プロンプトエンジニアリング | 216 |

プロンプトエンジニアリングとは何か／指示を明確にする／
役割を与える（ロールプレイ）／例を示す／ステップバイステップで考えて

| 7-2 | Microsoft 365 のその他のアプリで Copilot を使う | 220 |

Forms の Copilot／Power Automate の Copilot

| 索引 | 222 |

9

■ 練習用ファイル（サンプルデータ）のダウンロードについて

　第 2 章から第 4 章の Word、Excel、PowerPoint での操作に使ったサンプルデータの一部は、本書のサポートページの「サポート情報」からダウンロードできます。

　ダウンロードファイルは ZIP 形式の圧縮ファイルになっていますので、展開してご利用ください。展開すると「各章名」のフォルダーの中に「各節名」のフォルダーがあり、そのフォルダー内にその節で利用するサンプルの練習用ファイルを用意しています。

　なお、第 3 章の Excel ではすべてのファイルを「Copilot から参照できる場所（P.26 参照）」に保存してご利用いただく必要あります。第 2 章の Word、第 4 章の PowerPoint では、参照するファイルとして読み込むファイルは「Copilot から参照できる場所（P.26 参照）」に保存しておく必要があります。

本書のサポートページ
https://isbn2.sbcr.jp/28116/

■ Copilot（生成 AI）を使用する際の注意

- 本書では 2024 年 8 月時点の情報に基づき、Copilot for Microsoft 365 についての解説を行っています。
- Copilot も含め、生成 AI での生成結果は、同じプロンプトの指定であっても、違ったものになることがあります。
- Copilot for Microsoft 365 も含め、マイクロソフトでは Copilot のサービスを日々改良を続けています。そのため本書の発行後、サービスの改良で、一部の機能や画面・操作手順が変更される可能性があります。発行後の改良された機能・画面操作についてのお問い合わせには、対応できない場合があることご了承ください。

Chapter

1

—

Copilotが
オフィスにやってきた

Copilot for Microsoft 365 は、Office アプリを生成 AI で
操作可能にするサービスです。その全体像や注意点を
知って、日々の業務がどう変わるのかをイメージして
ください。

Chapter
1-1
What is Copilot

Copilot for Microsoft 365がオフィスを変える

Copilot for Microsoft 365はOfficeアプリを操作するアシスタントAI機能です。日本語の文章で指示を出せるので、業務知識さえあればExcelやWord、PowerPoint、Outlook、Teamsなどを操作できます。

■ Officeアプリを生成AIで操作する

Copilot for Microsoft 365は、Microsoft 365というサービス上で展開される生成AIサービスです。WordやExcelなどのOfficeアプリに、**AI向けの指示（プロンプト）**を入力するインターフェースが追加され、会話文で指示するだけで操作できるようにします。例えばExcelであれば、「ハイフンで分割して」といった指示だけで自動的に関数を使った数式を挿入してくれます。

日本語のプロンプトでExcelの数式を生成できる

※2024年後半にサービス名称が「Copilot for Microsoft 365」から「Microsoft 365 Copilot」に変更されました。

Officeアプリは、今や日常的な事務処理で欠かせないものとなっていますが、基本操作を覚えるだけでも時間がかかりますし、使いこなすとなるとかなり高度なスキルを必要とします。Copilotを使えば、数式を正確に入力するのが苦手であっても、**業務の知識さえあれば仕事をこなせる**ようになるのです。

本書執筆時点（2024年8月）では、Officeアプリの全機能をAIで操作できるとまではいえませんが、「できること」の範囲はどんどん広がっています。

■ あなたが使いたいのはどのCopilot？

Copilot for Microsoft 365という名前には、マイクロソフトの2つのブランド名が含まれています。**Copilot（副操縦士）**は、生成AIを利用したさまざまなアシスタント機能に付けられるブランド名です。Copilot for Microsoft 365以外に、Windows 11に標準搭載されているCopilot機能（Copilot in Windows）や、検索サービスのBingから利用できるCopilotもあります。WindowsとBingのCopilotは主にテキストを生成するのみで、アプリを直接操作することはできません。

また、**Microsoft 365**は、オフィスアプリのサブスクリプションサービスで、かつてはOffice 365と呼ばれていました。法人向けと個人向けのプランがあり、法人向けプラン用のCopilotとしてCopilot for Microsoft 365が提供されています（個人向けプラン用CopilotについてはP.22参照）。

Microsoft 365のページ（https://www.microsoft.com/ja-jp/microsoft-365/business）

このようにCopilotという名前はさまざまなサービス、アプリを指しますが、本書で単にCopilotと呼ぶ場合は、Copilot for Microsoft 365のことを指すと考えてください。

Chapter 1-2 生成AIとはどんなもの？

What is Copilot

Copilot for Microsoft 365の説明に先立って、そのコア技術である「生成AI」の概要について説明しましょう。生成AIについて大まかにでも正しく理解していれば、Copilotとの付き合い方が見えてきます。

■ 生成AIは「それらしいもの」を生成する

近頃ニュースなどで取り上げられることも増えたOpenAIの生成AIサービス「ChatGPT」は、内部で**GPTシリーズ**と呼ばれる自然言語処理モデルを使った**生成AI**です。Copilot for Microsoft 365の中で使用されている生成AIも、同じGPTシリーズです。

生成AIの働きは、「単語同士の関連度や出現順」を元にして、文章の続きを予測するというものです。例えば「玄関の鍵を」という文の場合、そのあとに「開ける」「かける」「閉める」「壊す」などが続く可能性が高いはずです。生成AIは大量の文章を学習して、続きとして出現しやすい単語を予測します。また、この仕組みを応用して、**人間の質問に対して「もっともらしい回答」をする**ことができます。

ここで注意したいのは、現在の生成AIは、人間とは考え方がまったく違うという点です。

人間であれば、「出かける前に玄関の鍵を」という文を見たら、「開けたままだと家の中の物を盗まれるかもしれない」と連想し、「鍵をかける」という答えに至ります。生成AIの場合は、「出かける前に玄関の鍵を」のあとに、**統計的に出現しやすい単語**を調べて「かける」と回答します。実際に生成AIに質問すると、「鍵をかける」と回答した上で、

防犯についてアドバイスしてくれたりもしますが、それも出現率を計算した結果でしかありません。つまるところ生成AIとは、**「何も理解していないが、非常にそれらしい文章を生成するプログラム」**なのです。

しかし理解していないとはいえ、生成AIが出す答えはまったくの無意味ではありません。「それらしさ」が非常に高ければ、それは**人間と区別が付かない**からです。

仮に「人間の回答や現実の画像（本物）と区別が付かないほどそれらしい答え」を出す確率が60％しかなかったとしても、その60％は正しい答えとして使えます。これが生成AIが仕事で使える理屈です。

■ ハルシネーション（幻覚）とうまく付き合う

生成AIは、ある程度の確率で「本物と区別できないそれらしいデータ」を生成しますが、逆のいい方をすると、残りの確率では**「それらしいが間違っているデータ」を生成**します。これをAIの専門用語で、**ハルシネーション（幻覚）**といいます。

ハルシネーションは、起きるときは簡単に起きます。例えば、プロンプトに対して短く「送付状を作って」とだけ指示すると、勝手に「新製品XYZを送ります」といった架空の情報で埋めてきます。また、「ネットから〇〇〇の情報を集めて答えろ」といった指示は理解できず、適当なデータで埋めてきます（第2章参照）。

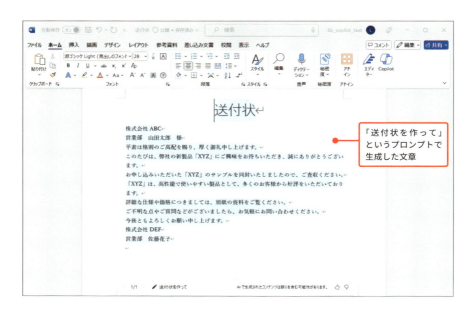

「送付状を作って」というプロンプトで生成した文章

面白いことに、生成AIは**プログラムなのに計算が苦手**です。それらしい答えを出すだけなので、「1+1」レベルの簡単な問題でもハルシネーションを起こすことがあります。
　ハルシネーションはやっかいなものですが、いくつか有力な対処方法があります。

- あいまいな答えが出ないよう、必須の情報は先にプロンプトに与えておく
- データ集めは自分でやるか、生成AI以外のプログラムに任せる
- 計算したいときは、プログラム（スクリプト）や数式を生成させる

　3つ目の対処方法は、生成AIの「それらしい文章を生成できる」という特徴を利用したものです。**プログラムや数式は、コンピュータ向けの言語で書かれた文章**なので、生成AIは「非常にそれらしい」、いい換えると「ほとんど間違いがない」ものを生成できます。生成したプログラムや数式に計算させれば、正しい答えが得られます。
　Copilot for Microsoft 365の場合も、「1+1の答えは？」と質問するのではなく、ExcelのCopilotに「1+1を計算する数式を生成して」と指示するのが正解です。

■ AIは常に学習しているわけではない

　生成AIは大量のデータを学習して賢くなります。とはいえ、よく誤解されやすい点なのですが、常に学習しているわけではありません。
　生成AIは無数のノード（節）がつながった構造になっており、「AIの学習」とは、ノード間のつながりの強さ（重み）を変えることです。この学習処理はとても計算量が多く、大量のプロセッサを使用しても長い時間がかかります。
　一方、学習結果を利用して答えを出すことを**推論**といいます。推論は学習に比べてはるかに計算量が少ない処理です。生成AIは、事前に長い時間をかけて学習し、ユーザーに提供されるときは推論だけを行っています。

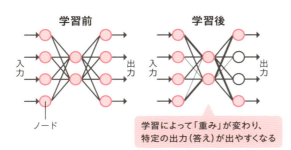

生成AIを利用すると、「自分のデータを学習されてしまうのでは」と心配する人がいますが、それは半分は間違いです。推論中のAIは学習できません。仮にその場で学習していたとしたら、数十秒程度で答えを出すことはできないからです。

ただし、生成AIに入力したデータがどこかに蓄積され、あとで学習に使われる可能性はあります。その点については、生成AIを提供している事業者を信用できるかどうかの問題です。

■ RAGを使って生成AIを専門家にする

生成AIの学習には非常に時間がかかるため、特定の業務に詳しくなるように学び直しをさせるのは簡単なことではありません。この問題を解決するために生み出された技術が**RAG（Retrieval-Augmented Generation＝検索拡張生成、ラグ）**です。RAGはCopilot for Microsoft 365でも利用されています。

RAGの原理は、**プロンプトと一緒に参考にするデータを送り込む**というものです。例えば、建築業で生成AIを利用するのであれば、建築用語の辞書や過去の仕事データを送り込めば、建築業の知識に沿って回答されやすくなり、ハルシネーションが減ります。RAGの実用例に、企業内でのナレッジ（業務知識）共有や、サポートデスクのチャットボットなどがあります。

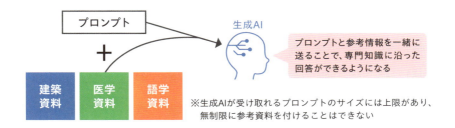

※生成AIが受け取れるプロンプトのサイズには上限があり、無制限に参考資料を付けることはできない

Copilot for Microsoft 365には、OneDriveに保存されたファイルや、Outlookに蓄積されたメールデータなどを参照して、企業の内情に合わせた回答を生成する仕組みがあります。この機能の働きで、Copilotに質問すると「社内の〇〇さんに相談してみては」「このメールに情報がありそうですよ」などとアドバイスされることがあります。

CopilotのRAG機能については、P.24でもう少し詳しく説明します。

Chapter 1-3
What is Copilot

Officeアプリで使えるCopilot

ここでは各種OfficeアプリのCopilotの概要をまとめて紹介します。具体的な使い方は第2章以降で説明していきますが、その前に、Copilotによって職場の働き方がどう変わるのかをイメージしてください。

■ Copilotの画面インターフェース

　Copilot for Microsoft 365を導入したOfficeアプリ共通で、Copilotを利用するための**作業ウィンドウ**が用意されています。リボンの［ホーム］タブの［Copilot］アイコンから表示でき、生成AIへの指示となる**プロンプト**を入力します。

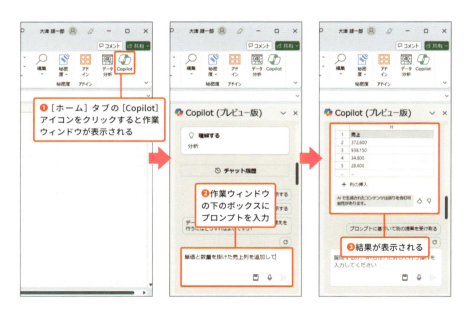

❶ ［ホーム］タブの［Copilot］アイコンをクリックすると作業ウィンドウが表示される

❷ 作業ウィンドウの下のボックスにプロンプトを入力

❸ 結果が表示される

　WordやOutlookなど一部のアプリには、作業ウィンドウ以外の画面インターフェースも用意されています（Wordは第2章、Outlookは第5章参照）。また、OfficeアプリにはWeb版がありますが、それらでもCopilot for Microsoft 365を利用できます。

■ Wordで文書作成＆要約

ビジネスで使われる文書の多くは**定型文書**です。定型文書は言葉どおり型が決まったものなので、生成AIの得意分野といえます。誠意が必要な「お詫びの文書」までAIに生成させるのは道義的に問題ありそうですが、自力で仕上げる前提で下書きとして使う範囲であれば許されるでしょう。

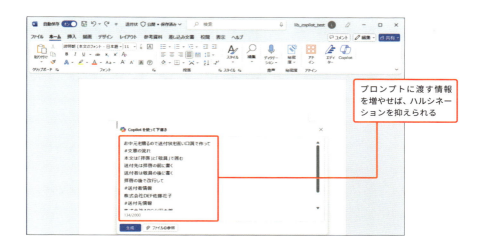

文書作成以外だと、Copilotによる**要約**も便利です。ページ数が多い長文資料でも、Copilotに要約させれば短時間でポイントを把握できます。

■ Excelでデータ処理＆分析

Excelの自動操作は、Copilot for Microsoft 365の中でも最も求められていた機能かもしれません。ExcelのCopilotでできることは、主に次の2つです。

- 数式の自動挿入
- ピボットテーブルの自動作成

関数を含む数式や、データ分析に利用する**ピボットテーブル**は、Excelの中でも覚えにくい機能とされています。これらが覚えにくいために、Excelを単なる「表の清書ツール」としてしか使っていない人も多いと聞きます。今後は**「業務でどのような計算が求**

められているか」さえわかっていれば、Excelに不慣れであっても、求める結果が得られるようになります。

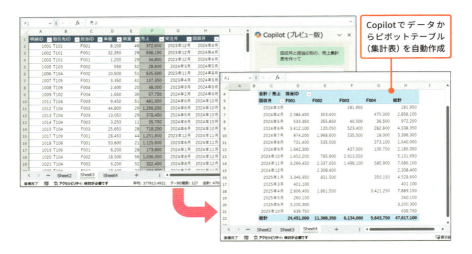

Copilotでデータからピボットテーブル（集計表）を自動作成

そのほかに**ピボットグラフ**の作成や**条件付き書式**の設定もできます。
今のところ帳票のような形式が複雑な表は処理できませんが、それでも作業効率を上げる強力な助けとなるはずです。

■ PowerPointでプレゼンテーションの自動作成

PowerPointのCopilotでは、Wordなどの文書から**プレゼンテーションを自動生成**できます。読み上げ原稿となるノートも一緒に記入されます。

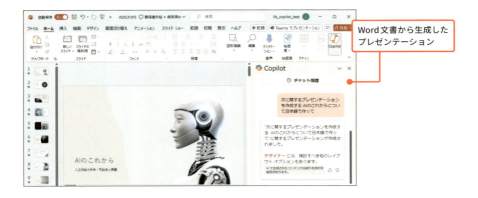

Word文書から生成したプレゼンテーション

■ Outlookで定型メール作成＆要約

OutlookのCopilotでは、次のような処理ができます。下書き生成と要約など、できることがWordと似ています。

- メールの下書き作成
- メールの返信を自動作成
- スレッドを要約して経緯を把握する

スレッド（一連のメールのやり取り）の要約は、意外と役立つ機能です。例えば、同僚の急な入院で仕事を引き継いで、途中の経緯がわからずに困ったとします。その場合、仕事のやり取りのスレッドを要約すれば、どのような経緯で現状に至ったのかを短時間で把握できます。

Outlookでスレッドを要約

■ Teamsでビデオ会議を分析

会議ツールのTeamsでは、ビデオ会議の**テキスト起こし**機能と紐づいた処理ができます。使用頻度が高いのは、会議の**議事録（レジュメ）**を作る用途でしょう。発言者別に情報を整理するといった分析処理もできます。

TeamsのCopilotには、**ChatGPT風の大きな対話型画面**も用意されています。どのアプリで実行すればいいか迷う処理を問い合わせるために使えます。

Chapter 1-4
What is Copilot

Copilot for Microsoft 365は個人でも使える？

Copilot for Microsoft 365は主に企業向けに提供されていますが、個人向けにも「Copilot Pro」が提供されています。ここではその概要を紹介します。

■ 個人向けのCopilot Pro

　Copilot for Microsoft 365は、Microsoft 365の法人ユーザー向けに提供されており、アドオンなどの形で追加できます。本書も**法人プラン導入済み**の前提で解説しますが、個人向けでも回数（AIクレジット）の制限付きでCopilotを利用でき、回数が足りない場合は**Copilot Pro**を利用できます。

Copilot Pro 公式紹介ページ
https://www.microsoft.com/ja-jp/store/b/copilotpro

Chapter 1-4　Copilot for Microsoft 365は個人でも使える？

　Copilot Proは、Microsoft 365の個人ユーザーが追加のサブスクリプションサービス（月額払い）で導入できます。Word、Excel、PowerPoint、OneNote、Outlookの5つのアプリでCopilotを利用できます（2025年3月現在の情報）。

■ 無料で使えるCopilotとはどんなもの？

　Copilot Proの紹介ページを見ていくと、無料で利用可能な**Proが付かない「Microsoft Copilot」**との比較表が掲載されています。無料版はどんなものなのか、気になる方もいると思います。

　無料版で使用できる機能は、主に次のとおりです。

- Web、モバイル アプリ、Windows、Bing、Microsoft EdgeでのCopilotの使用
- 画像の生成（生成速度などの制限がPro版より厳しい）

　要するに無料版では、WordやExcelなどのOfficeアプリを直接操作する機能が使えません。ただし、「Excelで経過月数を求める数式を教えて」といった質問には答えてくれるので、その回答を見ながらOfficeアプリを操作する間接的な使い方はできます。その分、作業効率は落ちてしまうので、コストとリターンを踏まえた選択となりそうです。

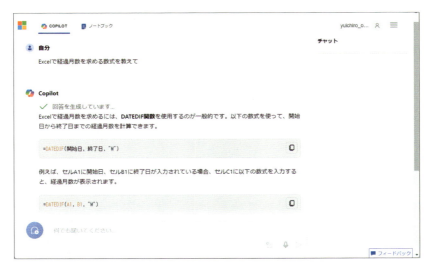

無料版のMicrosoft Copilot
https://copilot.microsoft.com/

Chapter 1-5 社内データの扱いはどうなるの？

What is Copilot

Copilot for Microsoft 365にはRAG機能があり、社内データを利用して回答の精度を上げられます。そう聞くと、社内のデータがどの程度共有されるのか、心配になりますね。第1章の最後に、内部の仕組みを掘り下げて見ていきましょう。

■ Copilot for Microsoft 365のデータの流れ

Copilot for Microsoft 365のデータの扱いを知るために、中の仕組みを簡単に見てみましょう。

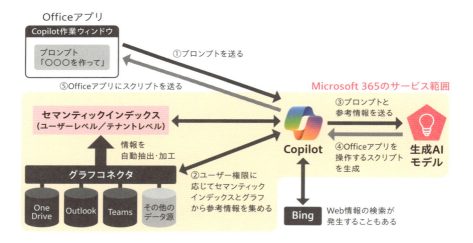

RAGに相当する機能は、**セマンティックインデックス**（意味の索引）と呼ばれています。OneDriveやOutlookなどのデータ源に接続する部分を**グラフコネクタ**といい、そこから抽出・加工したデータがセマンティックインデックスに記録されます。セマンティックインデックスはプロンプトと一緒に**生成AIモデル**に送られ、生成AIモデルはOfficeアプリを操作するスクリプト（ODSLというCopilot用言語）を返してきます。

先に説明したようにCopilotでは、OpenAIのGPTシリーズが使われています。ただし、OpenAIにデータが流れるわけではなく、マイクロソフトのサービス範囲内に収まっています。

Chapter 1-5　社内データの扱いはどうなるの？

■ セマンティックインデックスが参照するファイルの種類

　セマンティックインデックスは、定期的にグラフコネクタのデータ源から情報を集めています。ただし、どんなファイルでも集めるわけではなく、参照するファイルの種類が決まっています。

コンテンツ／ファイルの種類	ユーザーレベル	テナントのレベル
ユーザーメールボックス	サポート	該当なし
Word ドキュメント（doc/docx）	サポート	サポート
PowerPoint (pptx)	サポート	サポート
PDF ファイル	サポート	サポート
Web ページ（aspx）	サポート	サポート
OneNote ファイル	サポート	サポート
グラフコネクタのデータ	該当なし	サポート

　表内の**テナント**とは組織のことです。セマンティックインデックスは、ユーザーとテナントのレベルで別々に作成されます。

　ユーザーメールボックスはテナントのレベルで「該当なし」となっているため、組織内の他のユーザーが受信したメールはセマンティックインデックスに入らないことになります。

　また、この表には Excel やテキストファイルも含まれていません。ということは、OneDrive に大量に Excel やテキストファイルを保存しても、Copilot は参考にしてくれないことになります。サポート対象の PDF 形式に変換するといった対応が必要です。

■ Copilot は無制限に社内データを参照するわけではない

　Copilot は OneDrive や Outlook のデータにアクセスするため、社内データが部署や役職の範囲を超えて混在してしまったり、社外に流出してしまったりするのではという心配が出てきます。しかし、マイクロソフトが公開している情報を見る限り、その危険は少ないようです。

25

セマンティックインデックスやグラフコネクタからユーザーが利用できる情報は、ユーザー権限に応じるとされています。つまり、**自分が普段 OneDrive や Outlook からアクセスできる範囲**の情報だけが利用されるということです。

- Semantic Index for Copilot
  https://learn.microsoft.com/ja-jp/MicrosoftSearch/semantic-index-for-copilot
- Microsoft Copilot for Microsoft 365 のデータ、プライバシー、セキュリティ
  https://learn.microsoft.com/ja-jp/copilot/microsoft-365/
  microsoft-365-copilot-privacy

Copilot を**社内のナレッジ（業務知識）共有**に利用したい場合は、組織内で共有できる場所にファイルを保存する必要があります。このあたりは企業内の Microsoft 365 の設定によっても変わってくるので、社内のシステム管理者と相談してください。

また、グラフコネクタの設定次第で、OneDrive、Outlook、Teams、SharePoint 以外のデータ源も利用可能です。**「Microsoft Graph コネクタギャラリー」**のページには、ストレージサービスの Box や Google ドライブなどの名前が掲載されています。グラフコネクタについても、社内のシステム管理者との相談が必要です。

- Microsoft Graph コネクタギャラリー
  https://learn.microsoft.com/ja-jp/microsoftsearch/connectors-gallery

■ Copilot がうまく働かないときは保存場所を確認する

Office アプリの Copilot は、そのファイルが**「Copilot から参照できる場所」**に保存されていないとうまく動かないことがあります。Copilot から参照できる場所というのは、**グラフコネクタに接続されているデータ源**のことで、すごく単純にいえば OneDrive または Microsoft 365 SharePoint（法人向けの共有サービス）を指します。

特に Excel の場合は、そのファイル自体が OneDrive などに保存されていないと Copilot を一切利用できません（P.76 参照）。

「参照できる場所」がどこかよくわからない場合は、自分の Microsoft アカウントで Microsoft 365 のサイトにアクセスして「マイコンテンツ」を開いてみてください。この中に表示されるファイルであれば、Copilot で利用できます。

Chapter 1-5　社内データの扱いはどうなるの？

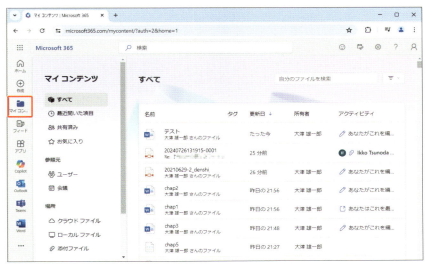

Microsoft 365 の「マイコンテンツ」

　Microsoft 365 サイトからは、Web アプリ版 Office だけでなく、次の操作でデスクトップ版 Office でもファイルを開くことができます。

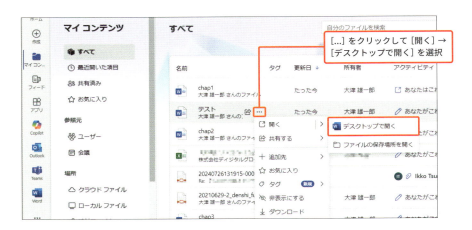

　また、Windows 上の OneDrive で正しく組織用アカウントでログインできていれば、Windows のエクスプローラーにも同期されます。こちらからファイルを開いてもかまいません。

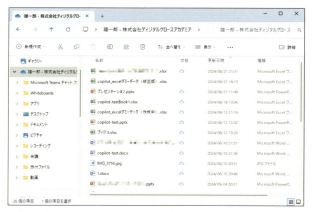

エクスプローラーのOneDriveフォルダー

　Copilot for Microsoft 365は現在も進化中です。これまでできなかったことが、突然できるようになることもあります。最新情報は **Copilot Lab** というサイトで公開されているので、ときどきチェックすることをおすすめします。

- **Copilot Lab（Copilotプロンプトギャラリー）**
  https://copilot.cloud.microsoft/ja-JP/prompts

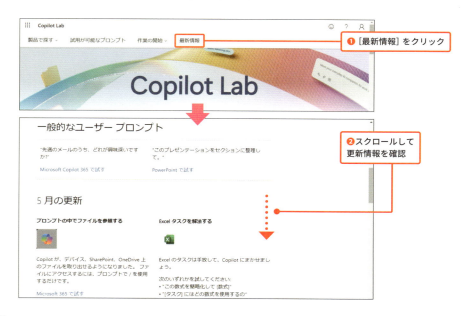

Chapter

2

—

Wordで
文章を生成・要約する

Wordでよく作る文書といえば、各種報告書や送付状、
挨拶状といった、定型のビジネス文書です。ある程度
形が決まった文章の作成は、生成AIがもっとも得意と
する分野です。

WordのCopilotの特徴

■ できること ■

WordのCopilotの利用方法は次の3通りあり、それぞれ機能が異なります。

- Word文書の左余白に表示される［Copilot］アイコンをクリックして、表示される［Copilotを使って下書き］ウィンドウから、文書の下書きを生成
- 文章を選択すると表示される［Copilot］アイコンをクリックして、入力済みの文章を書き換え
- ［ホーム］タブの［Copilot］アイコンをクリックして表示される作業ウィンドウから、文書の要約などの文書全体を操作

文書の下書きを作成

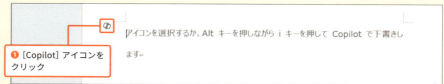

入力済み文章の書き換え

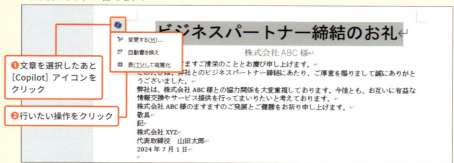

文書全体の操作

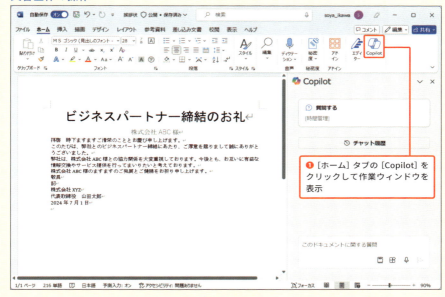

❶ [ホーム] タブの [Copilot] をクリックして作業ウィンドウを表示

WordのCopilotでできることは、主に次の6つです。

- プロンプトから与えられた指示を元に、ビジネス文書やブログ記事などの下書きを生成
- 入力済みの文書の表現や内容を書き換え
- 文書や箇条書きから情報を抜き出して表に変換
- 文書の要約
- 目次の生成
- WordとPowerPointのファイルから、要約や内容を抜き出して下書きを生成

　WordのCopilotは、ChatGPTなどの先行する生成AIと使い方やできることが似ており、Copilot入門として最適でしょう。

■ 注意すること ■

WordのCopilotを使うにあたって、大きな注意点は次の3つです。

- 生成するときに書式が自動設定されることもあるが、基本的に文章を生成するのみで、書式設定をプロンプトで指示することはできない
- Wordファイル自体は、ローカルフォルダーなどに保存されていても問題ないが、プロンプトに追加する参考用のファイルは**OneDrive**などの「Copilotから参照できる場所（P.26参照）」に保存されている必要がある
- 事実や知識を質問するときは**嘘のデータ**を生成する可能性が高い

　プロンプトに参考用のファイルを追加すると、ファイルの要約を挿入したり、精度を上げたりすることができます。ただし、参考用のファイルは**OneDrive**などの「Copilotから参照できる場所（P.26参照）」に保存されているファイルのみです。また、使用できるファイルはWordとPowerPointの2種類に限ります。

最大の注意点は、事実や知識などを質問すると、**嘘のデータ**（ハルシネーション）を生成する可能性が高い点です。大量の知識を学習したAIと聞くと、物知りでなんでも正確に答えられるといった印象を持ちます。しかし、現在の生成AIは、第1章で解説したように「単語同士の関連性や出現率だけを見ながら、それらしい文章を生成する」ものです。

例えば、「2024年4月の日本の気温の表を作って」といったプロンプトを入力してみましょう。筆者が実行した際は、2024年4月の東京の気温が「平均気温が16.8、最高気温が21.4、最低気温が12.3」と生成されました。ところが、気象庁のサイトで調べてみると、2024年4月の東京の「日平均気温が17.1、最高気温が28.2、最低気温が7.4」とまったく異なっています。あくまで、**それらしい文章**を生成しているだけなのです。

「2024年4月の日本の気温の表を作って」というプロンプトで生成した表

Copilotを利用するときは、「自分で正誤判断ができない文章」「知識不足で自力で書けない文章」を書かせることは避けるべきです。「自分でも時間があれば書ける文章をAIに書いてもらって時間を短縮する」「文章を書くのは苦手なのでAIで生成したあとに間違いを確認して修正する」「AIに校正してもらいながら文章を作成する」といった使い方をして、必ずファクトチェックを行いましょう。

Chapter 2-1 送付状を作る

Copilot in Word

送付状はお礼品や見本などを送るときに同封するビジネス文書です。プロンプト入力の流れがつかめるように、短いプロンプトからスタートし、徐々に情報を追加しながら目的の文章を生成していきましょう。

■ 短いプロンプトで生成する

今回生成する文書は、お中元を送付するときに同封する送付状です。文書を生成するために最低限必要な情報は、「**何を作るか**」です。そこで、以下のプロンプトを[Copilotを使って下書き]ウィンドウに入力してみましょう。

> **Prompt**
> 送付状を作って

❶ [Copilot] アイコンをクリック

［生成］をクリックする代わりに、Ctrl + Enter キーを押しても実行できます。

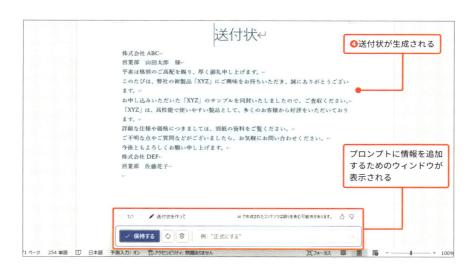

実際に「**何を作るか**」という最低限必要な情報しかないプロンプトから、Copilotが情報を補完して、文書を生成してくれます。しかし、送り先から送付物までランダムに生成されるため、このままでは使用できません。

■ 情報を追加して調整する

先ほど生成した文書に情報を追加して、生成したい文書に近づけていきます。生成後に表示されるウィンドウの［例：〇〇］というテキスト入力ボックスをクリックして、追加のプロンプトを入力しましょう。

> **Prompt**
> 送付物はお中元にして

[→]をクリックする代わりに、Ctrl + Enter キーを押しても実行できます。

　情報を追加した結果、お中元の情報を加えて書き換えてくれます。しかし、生成したい「お中元を送付するときに同封する文書」ではなく、「新製品のサンプルをお中元として送付する文書」として生成されています。

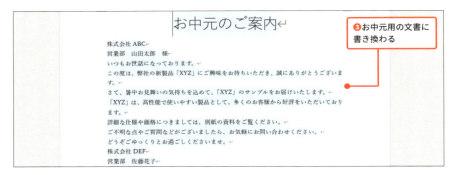

　さらに「お中元を送付するときに同封する文書」に近づけるために、次の指示を出してみましょう。

- 「新製品の案内」の消去
- 「お中元の挨拶とお礼」の追加

 Prompt

> 新製品の案内を全部消して、お中元の挨拶とお礼に書き換えて

　余分な文章の「新製品の案内」を消して、不足している文章の「お中元の挨拶とお礼」を追加してくれます。勝手に、「特選のお菓子詰め合わせ」をお中元の品物の情報として補完していますが、今回の送付状はこれでいいことにしましょう。

Chapter 2-1　送付状を作る

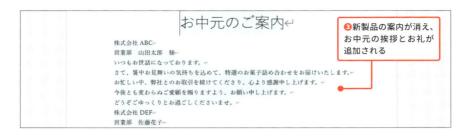

内容はそのままで文体や口調を書き換えることもできます。次の指示を出してみましょう。

- 「頭語と結語」の追加
- 「固い口調」への書き換え

> **Prompt**
>
> 拝啓と敬具をつけて、もっと固い口調で書き直して

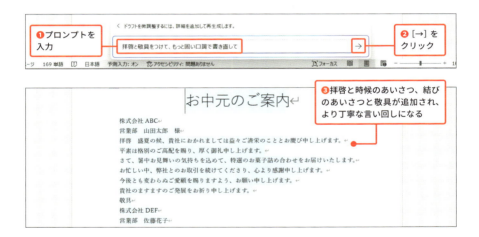

■ 文書の微調整

ここまで情報の追加や文章の口調の指示を行い、ほぼ求めている文書になりました。最後に文書の微調整を行いましょう。生成した文書は、拝啓のあとに文章が続いているので、以下のプロンプトを入力しましょう。

> **Prompt**
> 拝啓の後で改行して

❶ プロンプトを入力
❷ [→] をクリック

拝啓の後ろで改行してくれます。ここで注意する点として、プロンプトに「**文章の中で改行して**」といった指示はできますが、「**文章と文章の間に空白の1行をあけて**」といった指示はできません。その場合は、自分であける必要があります。

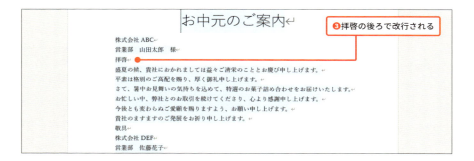

❸ 拝啓の後ろで改行される

ほかにも、「特選のお菓子詰め合わせではなく、〇〇百貨店から届くことを伝えたい」などの追加したい情報があれば、同じように情報を追加しましょう。

また、情報を追加した結果、イメージしていた文から離れてしまった場合は、Copilotのウィンドウの上にある [<] をクリックして、1つ前の状態に戻すこともできます。

[<] [>] をクリックして、前の状態に戻したり進めたりできる

文書が完成したら [保持する] をクリックして確定しましょう。気に入ったものが生成されなかった場合は、🗑をクリックして破棄します。

[保持する] をクリック
破棄したい場合は 🗑 をクリック

■ 1つのプロンプトで生成する

　簡単なプロンプトからスタートして情報を追加していく利用方法は、試行錯誤して完成度を高められますが、同じ文書を生成するたびに繰り返すのは時間がもったいないです。そこで1つのプロンプトにすべての情報を盛り込んでみましょう。

　1行目に「目的、生成する文章、口調」といった大まかな指示を書きましょう。そのあとは、「#見出し」と「その情報」といった追加情報を書きます。行の最初に「#」を入れて、入力項目の目的を知らせるのです。それでは、P.34の最初の手順で、再度、[Copilotを使って下書き]ウィンドウに以下のプロンプトを入力してみましょう。

> **Prompt**
>
> お中元を贈るので送付状を固い口調で作って
> #文章の流れ
> 本文は「拝啓」と「敬具」で囲む
> 送付先は拝啓の前に書く
> 送付者は敬具の後に書く
> 拝啓の後で改行して
> #送付者情報
> 株式会社DEF 佐藤花子
> #送付先情報
> 株式会社ABC 山田太郎
> #送付物情報
> 特選のお菓子詰め合わせ

　1つのプロンプトで先ほどと似た文書を生成できます。ただし、結果をよく注意して読むと、「拝啓の後で改行して」などいくつかの指示は無視されています。最後に必ず文書を見返して調整を行いましょう。

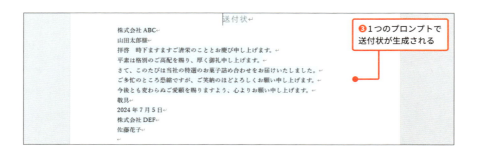

❸ 1つのプロンプトで送付状が生成される

Column　Wordの行間

Wordの標準設定では、行間を広めにした設定となっています。本書では1画面に入る行数を増やすために、「標準」スタイルの設定を次のように変更しています。

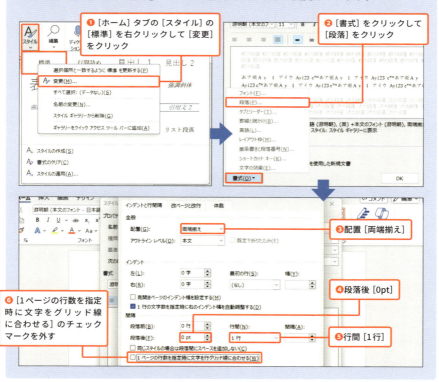

❶ [ホーム] タブの [スタイル] の [標準] を右クリックして [変更] をクリック

❷ [書式] をクリックして [段落] をクリック

❸ 配置 [両端揃え]

❹ 段落後 [0pt]

❺ 行間 [1行]

❻ [1ページの行数を指定時に文字をグリッド線に合わせる] のチェックマークを外す

Chapter 2-2 ビジネス文書のひな形を作る

Copilot in Word

ビジネス文書のような形式的な文書は、業務では何度も作成するものです。Copilotにひな形を生成させて、必要事項を記入するだけで使用できるようにしましょう。

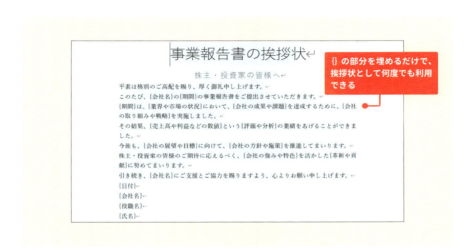

{}の部分を埋めるだけで、挨拶状として何度でも利用できる

■ ひな形の生成と文書の生成の違い

事業報告書の挨拶状のひな形を作成する前に、「ひな形の生成」と「文書の生成」の違いについて説明しましょう。[Copilotを使って下書き]ウィンドウを開き、次のプロンプトを入力してみます。

Prompt
挨拶状のひな形を作って

❶プロンプトを入力
❷[生成]をクリック

最低限必要な情報しかないプロンプトに「ひな形」を含めた場合、情報が不明な部分は「{項目}」の形で、穴埋めできる文書を生成してくれます。ただし、「挨拶状のひな形を作って」の場合は、次のような文書が生成されてしまいました。

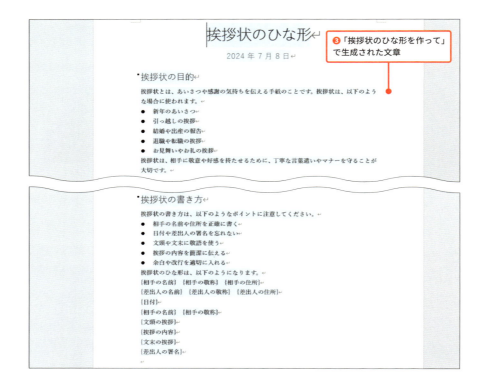

❸「挨拶状のひな形を作って」で生成された文章

　「挨拶状の目的についての説明」や「挨拶状の書き方のポイント」といった挨拶状を書く上で参考になる文章を生成してくれていますが、実際のひな形の文面ではありません。ここで生成したい文書は、穴埋めをするだけで利用できる挨拶状のひな形なので、そうなるようにプロンプトを調整しましょう。

■ 情報を追加する

　事業報告書の挨拶状のひな形の場合は、次のような情報を加えて求めているひな形に近づけましょう。

- 挨拶状の用途（「事業報告書」など）を指定
- 挨拶状の宛先を指定
- 入力項目の処理を指定

 Prompt

事業報告書の挨拶状のひな形を作って
#入力項目の処理
{} で囲んで
#宛先
株主・投資家

❶プロンプトを入力
❷[生成] をクリック

「**挨拶状の用途を指定**」すると、「文書の目的についての説明」「文書を書くときのポイント」といった必要のない文面が生成されず、指示したひな形の例文だけを生成してくれます。

「**挨拶状の宛先を指定**」すると、宛先に合わせた文書を生成してくれます。

「**入力項目の処理を指定**」すると、入力項目を「**{}**」で囲んでくれます。指定しないと、記号やアルファベットでランダムに埋められてしまいます。

❸挨拶状の用途や宛先が指定され、入力場所が {} で囲まれる

ひな形の生成は、他のビジネス文書にも応用ができます。次に生成する2つの文書を、プロンプトを変えて生成してみましょう。

転居の挨拶状のひな形を作る

　転居の挨拶状は、会社の移転やプライベートの引越しなどで、お世話になった人と今後もお付き合いを続けていくために重要な文書です。

　転居の挨拶状のひな形を作るために、事業報告書向けのプロンプトから、「用途」と「入力情報」の部分を書き換えます。

> **Prompt**
> 転居の挨拶状のひな形を作って
> #入力項目の処理
> {} で囲んで
> #入力情報
> 新しい住所、電話番号、メールアドレス、引越し理由

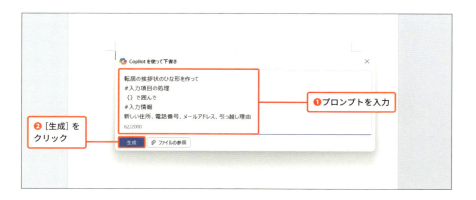

　転居の挨拶状のひな形は、事業報告書の挨拶状のひな形と異なり、宛先情報だけでなく入力するすべての項目を指定しました。記載したい情報が決まっている場合は、入力したい情報をすべて指定しても問題なく生成してくれます。

Chapter 2-2 ビジネス文書のひな形を作る

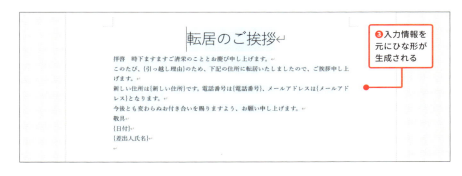

■ 顛末書（事故報告書）のひな形を作る

顛末書は仕事上で問題が発生した際に、客観的な立場から報告するために作成する文書です。事故の再発防止や、問題点を明らかにする文書でもあります。

顛末書のひな形を作るために、用途と入力項目の処理を指定したプロンプトを入力します。今回は「入力情報」は指定しません。

▷ **Prompt**

顛末書のひな形を作って
#入力項目の処理
{} で囲んで

顛末書のひな形は、事業報告書や転居の挨拶状のひな形と異なり、入力情報や宛先を指定していません。このように文書の種類によっては、「文書の指定」と「入力項目の処理」を指定するだけでも問題なく生成してくれます。ただし、情報が少ないほど、実行するたびに異なる内容が生成されやすくなるので、必ず生成後に確認してください。

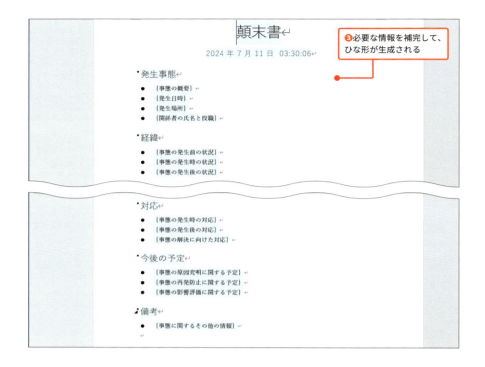

　ほかにも、「新年の挨拶」「案内状」「招待状」など、さまざまなビジネス文書のひな形を生成してみてください。

Chapter 2-3　いまひとつな表現を書き直してもらう

Chapter 2-3　Copilot in Word

いまひとつな表現を書き直してもらう

気に入った文書が生成されなかったときや、自分で書いた文章に納得がいかないときは、Copilotに文章を書き換えてもらいましょう。「専門家的に」や「カジュアルに」といったトーンの指定もできます。

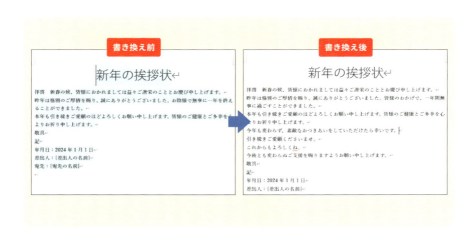

■ 書き換え用の文書を生成する

ここでは、書き換える文書をCopilotに用意してもらいます。次のプロンプトを入力しましょう。

> **Prompt**
> 新年の挨拶状のひな形を作って

47

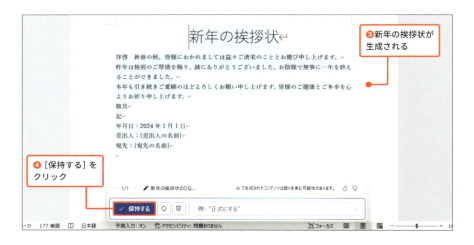

文書が生成されたら、［保持する］をクリックして確定しましょう。

自動的に書き換える

生成した文書を使って書き換えを行います。書き換えたい文章の部分を選択すると表示される［Copilot］アイコンをクリックして、［自動書き換え］をクリックします。

ただし、注意する点として、文章中の1つの単語を選んで書き換えしようとしても、選択した単語が含まれる一文が強制的に選択されてしまいます。つまり、「一文以上」の文章しか書き換えられません。

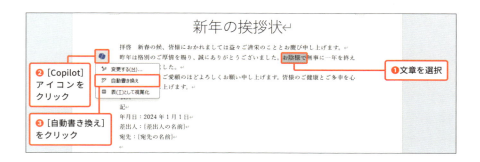

自動書き換えを選択すると、書き換え候補をいくつか生成してくれるので、候補の中から気に入った文章を探すことができます。

48

Chapter 2-3　いまひとつな表現を書き直してもらう

気に入った文章があれば、[置き換え] をクリックして文章を書き換えましょう。

■ トーンを指定した書き換え

　文章の書き換え候補に気に入ったものがなかったときは、書き換える文章の**トーン**を指定して再生成ができます。トーンには次の5つの種類があります。

- 普通
- カジュアル
- 専門家
- 簡潔
- 想像的

　通常の書き換えでは「普通」のトーンで書き換えされているので、「普通」から「カジュアル」や「専門家」などのトーンに変更します。

　トーンの特徴として、「カジュアル」の場合は、よりカジュアルにやわらかい印象を受ける文章に書き換えてくれます。「簡潔」のトーンの場合は、文章を簡潔に短く書き換えてくれます。「専門家」のトーンの場合は、文章のプロフェッショナルのようにしっかりとした文章に書き換えてくれます。「想像的」のトーンの場合は、想像力豊かにCopilotが補完して文章を書き換えてくれます。

　トーンを指定するには、先ほど説明したようにいったん自動書き換えを実行します。

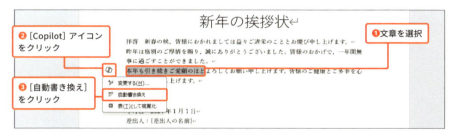

　自動書き換えの候補に、気に入ったものがなければ、⇆をクリックしてトーンを選択します。ここでは、プロフェッショナルなしっかりした文章に書き換えてみましょう。［専門家］を選択して［再生成］をクリックします。

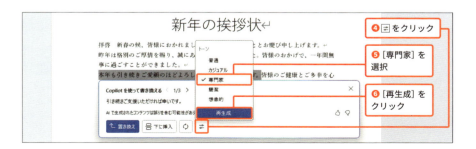

「専門家」のトーンでプロフェッショナルなしっかりした文章に書き換えたいくつかの候補を生成してくれます。

気に入った文章があった場合は、[置き換え]をクリックして文章を書き換えてもよいのですが、ここでは、[下に挿入]をクリックをして文章中に反映しましょう。元の文章を残して**1段落下**に文章が挿入されます。

他のトーンも「カジュアル」「簡潔」「想像的」の順番で生成して、「下に挿入」をしてみましょう。

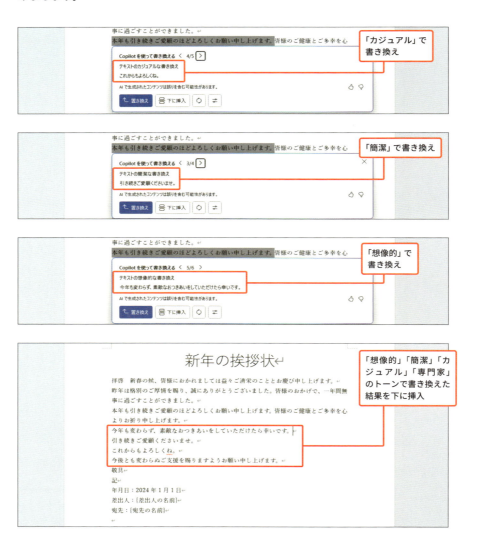

　「下に挿入」を利用することで、元の文章と複数の書き換えた文章を一度に比較できます。書き換えた文章に納得がいかないときは、「下に挿入」で書き換えた文章を残しながら、他のトーンを試して比較し、より良い文書を生成させましょう。

Chapter 2-3　いまひとつな表現を書き直してもらう

> **Column**　追加のプロンプトで書き換える

プロンプトを追加して、文章の書き換えを行うこともできます。書き換えたい文章を選択して、[変更する]をクリックし、プロンプトを入力します。ただし、注意する点は「自動的に書き換える（P.48参照）」では「一文」が選択されていましたが、こちらでは「**1段落**」が強制的に選択されます。また、自分で好きなように指示をして書き換えられる便利な機能なのですが、現時点では次の2つの理由から、文章の一部を書き換えるには**使いにくい機能**になっています。

- 選択した文章以外も書き換えの結果として追加されることがある
- 書き換えた結果の処理が「下に挿入」以外の選択肢がない

例えば、次のプロンプトを入力して実行すると、選択した部分以外の文章が結果に混ざり、[生成]をクリックすると「下に挿入」されます。

▷ **Prompt**

やわらかい口調にして

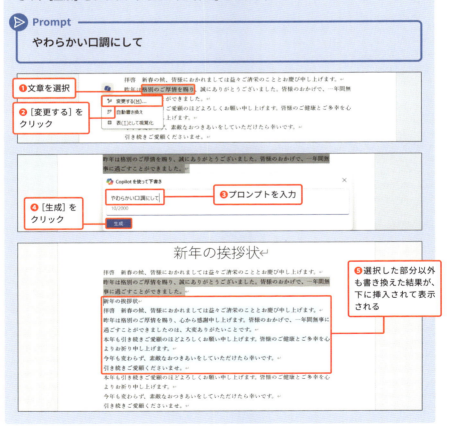

Chapter 2-4　文章を表に変換する
Copilot in Word

WordのCopilotは、文章を表に変換できます。文章によって、表への変換しやすさが変わるので、変換しやすい文章と変換しにくい文章を、それぞれ表に変換する流れをつかみましょう。

■ 表に変換しやすい文章について

　表に変換しやすい文章は、「**表の項目や内容**」となる情報のわかりやすさによって変わります。例えば、ひな形のように「表の項目や内容」となる情報がわかりやすい文章は、一度の変換で表に変換できます。

　一方で、「普通の文章」や「短い文章」といった「表の項目や内容」の区別があいまいな文章は、表に変換したあとに、「**表の項目**」の情報をプロンプトで追加する必要があります。

■ 顛末書（事故報告書）を表にする

　最初に、ひな形の文章を表に変換していきます。ここでは「2-2 ビジネス文書のひな形を作る」で生成した顛末書の文章（P.46参照）を表に変換します。ただし、このまま表に変換すると、表の途中でページが変わってしまう可能性があるので、表の大きさを考えて「ページ区切り」を入れて見やすくしましょう。今回は全体が1ページに入れられそうなので、最終行に「ページ区切り」を挿入しておきます。

Chapter 2-4　文章を表に変換する

　それでは、実際に、顛末書の文章を表に変換してみましょう。ここではすべての文章を Ctrl + A キーで選択し、表示される［Copilot］アイコンをクリックして、［表として視覚化］をクリックします。

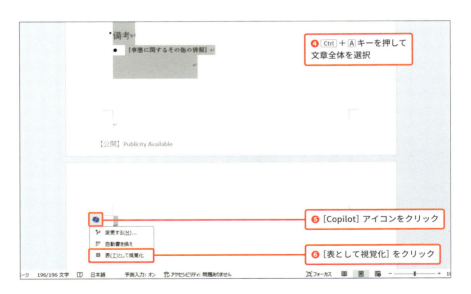

　「表の項目や内容」となる情報がわかりやすい文章は、Copilotが「表の項目や内容」の情報を抜き出して表へ変換してくれます。

55

■ 送付状を表にする

　普通の文章を表に変換してみましょう。ここでは「2-1 送付状を作る」で生成した送付状の文章（P.40参照）を、表に変換します。同じく、最終行に「ページ区切り」をしてから、表に変換します。

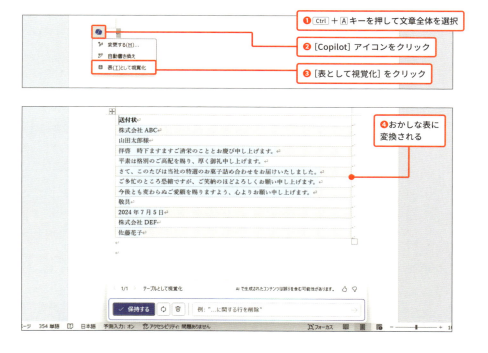

56

文章が表に変換されましたが、単に1行ずつ表のセルに入っているだけで、表とはいえません。表には「項目の見出し」と「データ部分」が必要となりますが、Copilot がそれらを認識できない場合、おかしな表に変換されてしまいます。ただし、生成したい「**表の項目**」を指定すれば、指定した項目情報を抜き出して、表に変換してくれます。

実際に、生成後に表示される Copilot のウィンドウに対して、「表の項目」を指定したプロンプトを入力しましょう。

> **Prompt**
>
> ＃表の項目
> 日付、送付者情報、送付先情報、送付物情報

表にならない文章は消されてしまうので、「**必要な情報が抜けていないか**」を確認してください。

また、生成された表の並びを変更する指定もできます。以下のプロンプトを入力しましょう。

> **Prompt**
>
> 縦並びにして

表が縦並びに変換されて、生成されます。

❸表が縦並びに変換される

　表作成や並びの変更を手作業で行おうとすると、それなりの時間がかかりますが、Copilotなら短い時間で生成してくれるので、活用していきましょう。

> **Column** 表への変換がエラーになる場合
>
> 表に変換するときに、「**Copilotでは、このコンテンツの高品質なコンテンツを生成できません。**」と表示されて、生成できないときがあります。原因として次の2つが考えられます。
>
> - 表に変換する文章の情報が少ない
> - 「表の項目や内容」をうまく読み取れない
>
> 表に変換する文章の情報が少ない場合は、「表の項目や内容」となる情報がなく、表を生成できません。文章内の情報を追加したりしましょう。ただし、文章の情報が十分であっても「表の項目や内容」をうまく読み取れないこともあります。この場合、手順を繰り返すと、うまく生成できるときがあります。2回目以降もエラーになる場合は、情報を追加するなどしてください。
>
>
>
> 表に変換できないエラーが表示される

Chapter 2-5 長い文章を要約する

Chapter 2-5
Copilot in Word

長い文章を要約する

円滑に会議やプレゼンテーションを進めるためには、事前に会議資料などを把握しておく必要があります。ただし、長い文章の把握には時間がかかるので、WordのCopilotに要約してもらい、短い時間で把握しましょう。

■ 要約用の企画書を生成する

要約に先立って長い文章が必要となるので、ここではCopilotで生成しましょう。以下のプロンプトを入力します。生成する代わりに、手持ちの資料などを使ってもかまいません。

> **Prompt**
>
> 企画書を作って
> #内容
> AIを利用した業務効率化案

❶プロンプトを入力
❷［生成］をクリック

文書が生成されたら、[保持する]をクリックして確定しましょう。

■ 企画書を要約する

生成した企画書を要約しましょう。[ホーム]タブの[Copilot]をクリックして、[Copilot]作業ウィンドウを表示します。

60

Chapter 2-5　長い文章を要約する

作業ウィンドウの［このドキュメントに関する質問］という入力ボックスをクリックして、以下のプロンプトを入力します。

Prompt

要約して

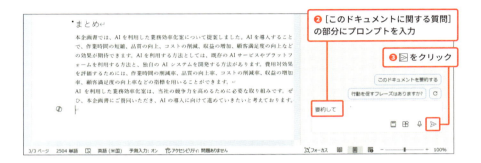

❷［このドキュメントに関する質問］の部分にプロンプトを入力

❸ をクリック

をクリックする代わりに、Enterキーを押しても実行できます。作業ウィンドウの入力ボックスでは、Enterキーが実行に割り当てられているので、Enterキーで改行はできません。プロンプトを改行したいときはShift＋Enterキーを押してください。

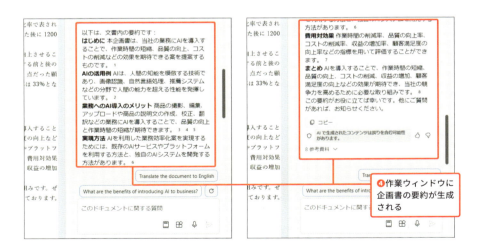

❹作業ウィンドウに企画書の要約が生成される

作業ウィンドウに、要約を生成してくれました。長い文章であっても、短い時間で要約を生成してくれるので、効率よく内容を把握できます。

61

Chapter 2-6 参考用のファイルを挿入する

Copilot in Word

WordのCopilotは、参考用のファイルを元に文章の要約を挿入したり、下書きを生成したりできます。参考用のファイルを挿入してみましょう。

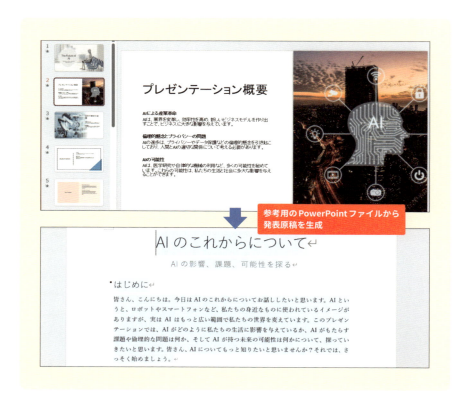

参考用のPowerPointファイルから発表原稿を生成

■ Wordファイルの要約を挿入する

WordのCopilotは、参考用のファイルとして、WordとPowerPointのファイルの2種類が使用できます。まずは、参考用のWordファイルを指定して、その要約を挿入しましょう。今回は「2-5 長い文章を要約する」で生成した企画書の文章をOneDriveに保存したものを使いますが、代わりに手持ちの資料などを使ってもかまいません。

まず、[Copilotを使って下書き]ウィンドウを開き、次のプロンプトを入力したあと、Enter キーを押して改行します。

> **Prompt**
>
> 以下のファイルを要約して

参考用のファイルは「2-5 長い文章を要約する」で生成した企画書の文書（P.60参照）の「**AIを利用した業務効率化の企画書.docx**」を使用します。[ファイルの参照]をクリックして、参考用のファイルを選択します。[ファイルの参照]をクリックする代わりに、/キーを入力してもファイルを挿入できます。

挿入候補のリストには3つ程度のファイルしか表示されません。使用する参考用のファイルが候補にない場合は、ファイル名の先頭数文字を入力して、絞り込みます。

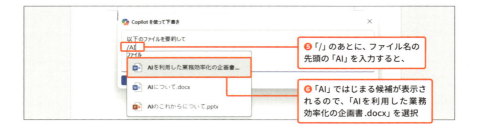

ファイルが選択できたら、プロンプトを実行します。

　参考用のファイルの要約を挿入できました。ここでは、プロンプトの1行目で要約するよう指示しましたが、ファイル名のみで実行した場合も要約を生成してくれます。ただし、要約するよう明記していないので、ファイルの内容がそのまま挿入されるときもあります。確実に要約するためにも、「**以下のファイルを要約して**」と入力することをおすすめします。

■ PowerPointの発表原稿の下書きを生成する

　プレゼンテーションを行う際には、スライドを見せながら発表者が読み上げるための「発表原稿」を用意することがあります。WordのCopilotにPowerPointファイルを

読み込ませて、発表原稿を生成しましょう。このときに、「**発表者の雰囲気**」を指定すると、指定に合わせて生成してくれます。次のプロンプトを入力して改行します。

 Prompt

以下のファイルの発表原稿を陽気な感じで作って

先ほどと同じくファイルを追加します。ここでは、第4章の「PowerPointのCopilotの特徴」で生成したPowerPointの「**AIのこれからについて.pptx**」（P.155参照）を選択します。

ファイルが選択できたら、プロンプトを実行します。

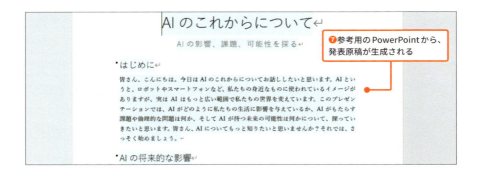

　参考用のPowerPointファイルから、陽気な感じで発表原稿の下書きを生成してくれました。ただし、内容が間違っている可能性もありますし、発表時間も考慮してくれません。必ず内容を確認してブラッシュアップしてください。

複数ファイルを参考に下書きを生成

　ここまで、1つのWordファイルとPowerPointファイルをそれぞれ参考にして、生成してきました。同時に最大3個までのWordとPowerPointのファイルを使用できます。ここでは、同時に2個のファイルを追加して、下書きを生成しましょう。

　2個のファイルを利用して、どのような文章を生成するかをプロンプトで指定します。先ほどと同じく、以下のプロンプトを入力して改行したあと、ファイルを追加していきます。

> **Prompt**
>
> **以下のファイルを参考にAIの活用方法とその展望について文章を作って**

　ファイルを追加していきます。1つ目のファイルは、同じく「2-5 長い文章を要約する」で生成した企画書の文章（P.60参照）の「**AIを利用した業務効率化の企画書.docx**」を選択します。

Chapter 2-6　参考用のファイルを挿入する

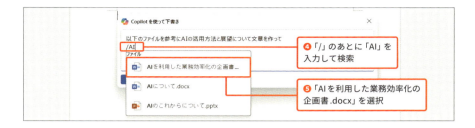

2つ目のファイルは、第4章の「PowerPointのCopilotの特徴」で生成したPowerPointの「**AIのこれからについて.pptx**」（P.155参照）を選択します。

2つのファイルを選択できたら、プロンプトを実行します。2つのファイルを参考にプロンプトで指定した文章の下書きを生成してくれます。

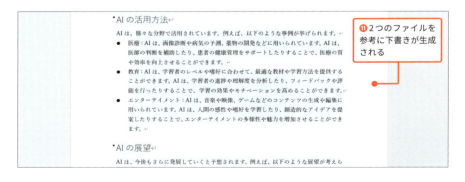

Column 作業ウィンドウから参考用ファイルを使用

作業ウィンドウからも、参考用のファイルを使用できます。使用するには、「このドキュメントに関する質問」に「/」を入力して、参考用ファイルを選択します。

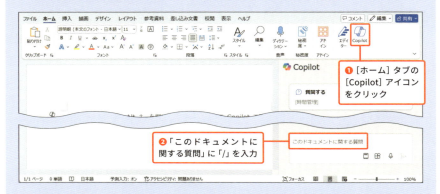

「ファイル」「ユーザー」「会議」「メール」から場所を選べます。また、表示されるファイルの数も増えているので、指定したいファイルを探しやすくなっています。選択肢に表示されない場合は、ファイル名の先頭数文字を入力しましょう。

作業ウィンドウに生成の結果が表示されるので、本文と参考用ファイルの要約を横並びで見比べられます。参考用のファイルの要約や内容を確認しながら、本文を作成できます。

Chapter 2-7 文章を校正する

Copilot in Word

WordのCopilotは基本的に文章の生成、書き換えを行いますが、書き換えを応用して文章を校正することもできます。

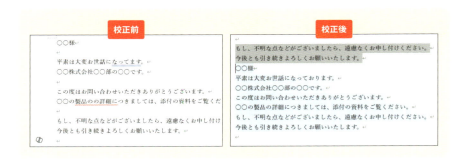

■ Copilotで校正をする

Copilotは、選択した範囲の文章をすべて書き換えながら、結果的に校正に似たことを行ってくれます。実際に、次の2つの間違いがある文章で試してみましょう。

すべての文章を Ctrl + A キーで選択し、表示される[Copilot]アイコンをクリックして、[変更する]をクリックします。「変更する」は「2-3 いまひとつな表現を書き直してもらう」において、**使いにくい機能**と紹介しました（P.53参照）。ただし、文章全体を操作するときには、使いにくい理由が関係なくなるので、ここでは「変更する」を使用しましょう。

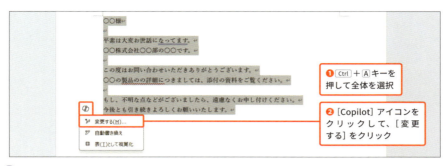

> **Prompt**
>
> 誤字脱字や文法間違いを校正して

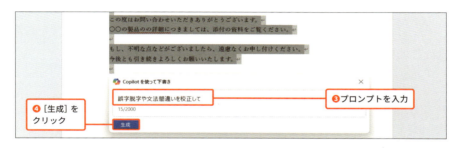

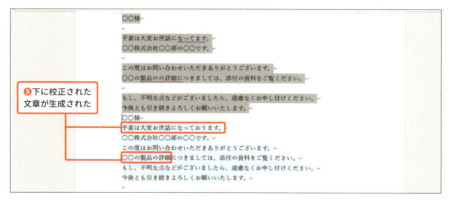

　校正をしてくれました。また、「変更する」の代わりに、「自動書き換え」を使っても同じことができます。ただし、どちらも文章の全体を書き換えているので、不要なところも書き換えてしまう恐れがあるので、チェックは必要です。

■ エディターで校正をする

WordにはCopilotとは別に、校正用のエディター機能もあります。機能は校正に特化しており、Copilotのように書き換えをやりすぎる恐れはありません。必要に応じて使い分けましょう。

［ホーム］タブの［エディター］をクリックしたあと、［エディタースコア］をクリックしてください。

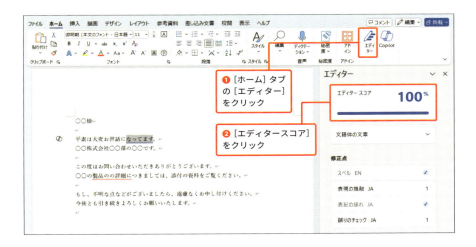

「検討事項:」の下にある「なっています」をクリックすると、本文中の間違っている箇所を、修正した言葉に書き換えてくれます。

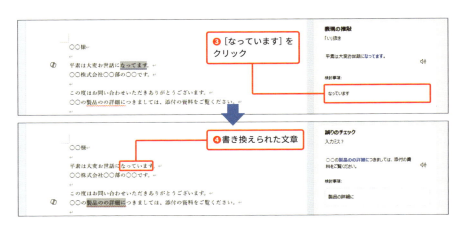

Column　Wordの機能を検索して使う

現在のCopilotでは、書式を設定するような機能は使えません。ただし、それに近い機能として、タイトルバーの検索ボックスがあります。「右揃え」「フォント」「余白」などのキーワードで検索すると、それに関連するボタンなどを表示してくれます。Wordの使い方がうろ覚えでも使えるので、ぜひ試してみてください。

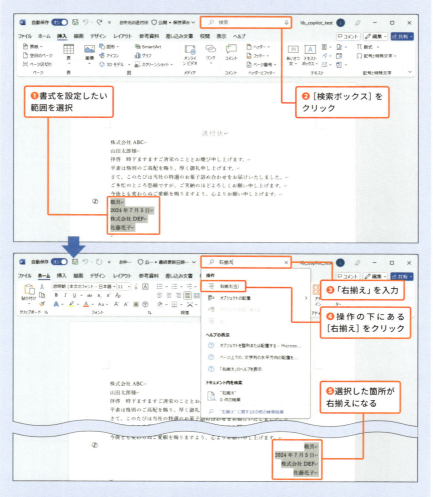

操作名がわかっていれば、ほとんどすべての操作がこの検索ボックスから使用できます。

Chapter

3

―

Excelで
数式や集計表を
生成する

複雑な数式やピボットテーブル、条件付き書式といっ
たExcelの少し高度な機能は、Copilotにまかせてしま
いましょう。「何をしてほしいか」を伝えるだけで、自
動的に設定してくれます。

ExcelのCopilotの特徴

■できること■

ExcelのCopilotはすべて[Copilot]作業ウィンドウから利用します。

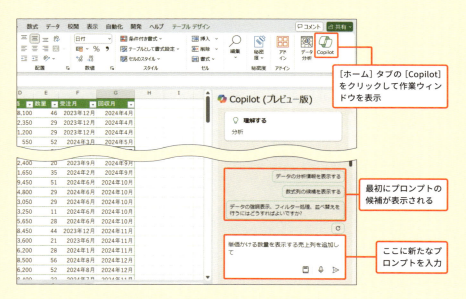

WordのCopilotがほぼテキスト生成のみなのに対し、Excelではできることの幅が広がっています。

- 数式（関数式）列の追加
- ピボットテーブルの作成
- ピボットグラフの作成
- 文字色、背景色の設定
- 条件付き書式の設定

関数やピボットテーブル、条件付き書式は、初心者にとっての大きな壁なので、これらが自然文から自動生成できることは、多くの人にとって朗報でしょう。
　例えば、**IF関数を入れ子にしたややこしい数式**なども、条件を箇条書きにしたちょっとした文章で指定できます。

関数の挿入

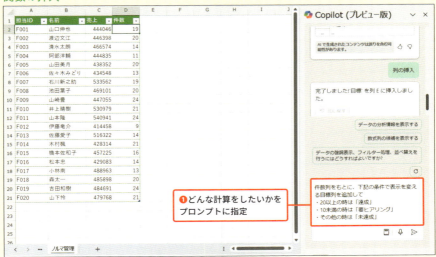

❶どんな計算をしたいかをプロンプトに指定

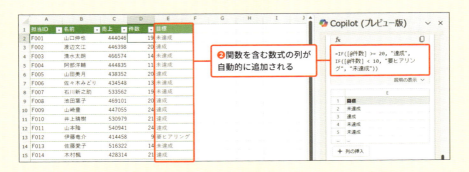

❷関数を含む数式の列が自動的に追加される

　集計表が必要な場合は**ピボットテーブル**を使います。ピボットテーブルは、難易度が高い機能の筆頭ですが、Copilotでは「取引先ID、回収月ごとに売上高の合計値を求めて」といったプロンプトだけでピボットテーブルを作成できます。
　これなら、SUM関数などを使って合計や平均の集計表を作るよりも簡単です。

ピボットテーブルの生成

値によって書式を変化させる**条件付き書式**も敬遠されがちな機能ですが、Copilotで設定するのは簡単です。

条件付き書式の設定

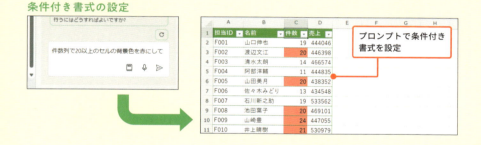

もともとExcelには、数式などのコンピュータが処理しやすそうな機能が集まっています。それでCopilotでも正しく処理しやすいのかもしれません。

■ 注意すること ■

ExcelのCopilotを使うにあたって、大きな注意点は次の2つです。

- Excelファイルが**OneDrive**や**SharePoint**などの「Copilotが参照できる場所（P.26参照）」に保存されている必要がある。ローカルのストレージ内のファイルではCopilotが利用できない
- 元になるデータは**テーブル**にしておくとよい

Copilotが参照できない場所にファイルが保存されている場合、作業ウィンドウに「自動保存がオフになっています」という警告が表示されます。単に自動保存をオンにしただけでは解決されず、保存場所をOneDriveなどに変更する必要があります。

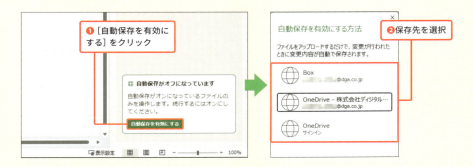

　テーブルは表のデザインを一発設定する機能と思われがちですが、実際は列（フィールド）と行（レコード）で構成される**データベース形式の表**にする機能です。単なるExcelの表よりも構造がはっきりしているため、コンピュータで処理しやすい特性があり、Copilotの対象がテーブルに限定されている理由もそれでしょう。

　2024年8月のアップデートで、テーブルが設定されていなくてもデータベース形式の表であれば、Copilotが利用できるようになりました。ただし、表や見出しの範囲の判定ミスでCopilotがエラーを出しやすくなるため、テーブルの設定をおすすめします。
　その他の細かい注意点としては、Copilotを使って「作成済みの列の数式を修正する」ことや「追加済みのピボットテーブルを操作する」ことができません。意図どおりのものが作成されなかった場合は、削除して指示を出し直す必要があります。

Chapter 3-1 元になるテーブルを用意する

Copilot in Excel

Copilotで使用するデータはテーブルにしておくとよいでしょう。ここではテーブルを設定する方法や、CSV形式のファイルをテーブルにする方法を解説します。

■ テーブルを用意する前に

章の最初で説明したように、Copilotで使用するデータはテーブルにして利用します。テーブルは書式を自動設定するだけでなく、「1行＝1**レコード**（1記録、1案件）」という形式を強制します。このタイプの表は「データベース形式の表」とも呼ばれ、形式が明確なのでコンピュータで自動処理しやすいという特徴を持ちます。

テーブルでは**列（フィールド）**ごとに見出しを持ち、その列には単価、数量など1種類のデータが入ります。また、1つの行には1件分のデータが入ります。

セル結合などが設定されて作り込まれた帳票や、2種類の見出しを持つクロス集計表（ピボットテーブル）などは、テーブルにすることができません。

2024年8月のアップデートで、テーブルが設定されいない表も対象になりましたが、テーブルを設定したほうが確実です。

■ 表をテーブルにする

表を準備してテーブルにしていきましょう。テーブルのスタイルを選択する手順が

Chapter 3-1 元になるテーブルを用意する

ありますが、どのスタイルでも変わりはないので好みで選択してください。

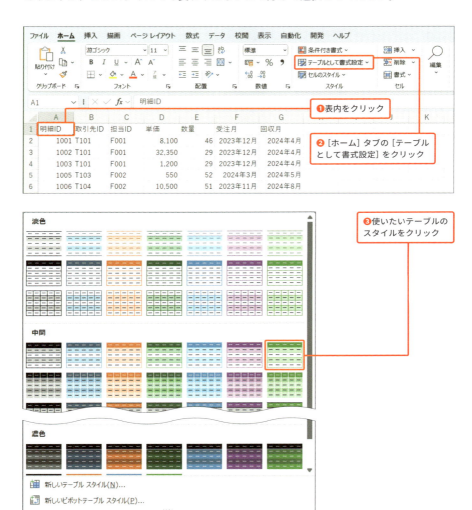

[テーブルの作成]ダイアログに[先頭行をテーブルの見出しとして使用する]というチェックボックスが表示されます。元データの先頭行に見出しが入力されている場合はオンにします。見出しがない場合は、オフにすると空の見出し行が追加されるのであとで入力してください。

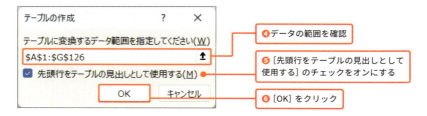

❹データの範囲を確認

❺[先頭行をテーブルの見出しとして使用する]のチェックをオンにする

❻[OK]をクリック

　テーブルに変換されると、背景色などが設定されるとともに、見出しに並べ替えや絞り込みを行うボタンが表示されます。

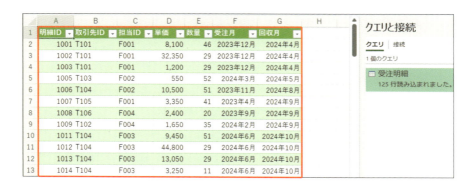

■ CSV形式のファイルをPower Queryで開く

　ほかのアプリのデータを使用する場合、**CSV形式**のファイルで受け渡しを行うことがよくあります。CSV（Comma Separated Values）形式はデータをコンマ（,）で区切ったテキストファイルです。

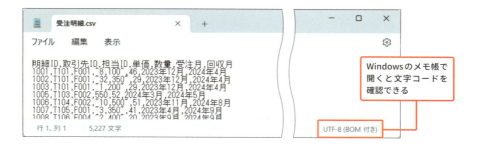

Windowsのメモ帳で開くと文字コードを確認できる

ExcelでCSV形式のファイルを開くこともできますが、Excel 2010以降で追加された**Power Query（パワークエリ）**で読み込むことをおすすめします。Power Queryには次のようなメリットがあります。

- 文字コードを指定できるので、文字化けしにくい
- CSV以外のさまざまなデータ形式にも対応している
- 元のファイルの更新に合わせて、Excel側も自動更新される

それでは実際にPower QueryでCSV形式のファイルをテーブルにしてみましょう。まずはテーブルを入れたいExcelファイルを開きます。

❶ ［データ］タブの［データの取得］→［ファイルから］→［テキストまたはCSVから］をクリック

❷ CSV形式のファイルを選択

❸ ［インポート］をクリック

読み込み方法を指定するダイアログが表示されます。ここではCSV形式のファイルに使用されている文字コード、区切り文字、データ型検出を選択します。たいていは設定を変更する必要はありませんが、ダイアログに表示されたデータに文字化けが発生していたら、[元のファイル]の項目で文字コードを選択してください。

　CSV形式のファイルのデータがワークシート上に読み込まれ、自動的にテーブルが設定されます。

　元のCSV形式のファイルと比較すると単価にコンマがなく、受注月と回収月の日付の表記が異なります。表記の差異はセルの書式設定の機能で修正しましょう。

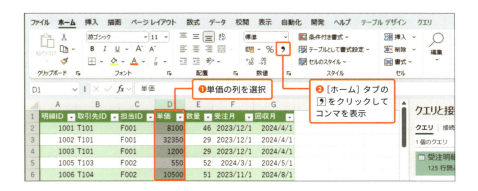

Chapter 3-1　元になるテーブルを用意する

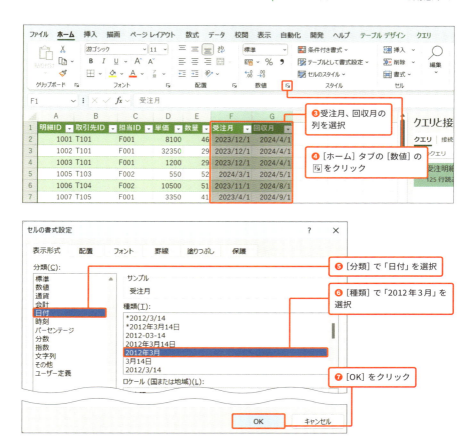

これでテーブルと元のCSV形式のファイルの書式を合わせることができました。

83

■ CSV形式のファイルのリンクを切断する

　Power QueryでCSV形式のファイルを読み込んだあと、Excelファイルを再度開いたときに、セキュリティの警告として「外部データ接続が無効になっています」と表示されます。

　CSV形式のファイルをPower Queryでテーブルにした場合、Excelファイルを開くたびに自動的に元のファイルを読み込み、データを更新できます。しかし、外部ファイルの読み込みは危険な場合もあるため、用心のためにセキュリティの警告が表示される仕組みになっています。開くたびに表示されるのが気になる場合は、元のファイルとのリンクを切断しましょう。

❶［データ］タブの［クエリと接続］をクリック

Chapter 3-1　元になるテーブルを用意する

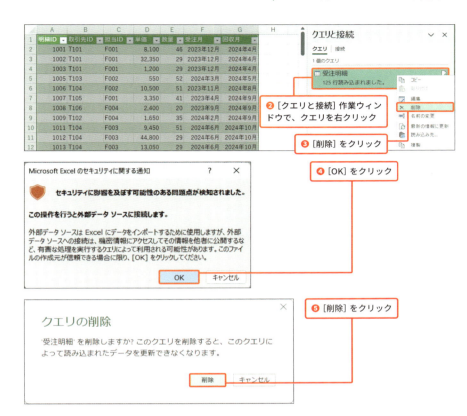

[クエリと接続]作業ウィンドウからCSV形式のファイルを読み込むためのクエリが削除されます。

この状態で保存します。同じファイルを開いても次回からはセキュリティの警告は表示されなくなります。もちろん元のファイルを更新してもExcel側のデータは更新されなくなることに注意してください。

Chapter 3-2 「単価×数量」の列を追加する

Copilot in Excel

単価と数量を掛ける計算は、見積書や請求書などさまざまなシチュエーションで登場します。計算の式自体はそれほど難しくはありませんが、テーブルに対する計算では、構造化参照という少し見慣れない書き方をします。

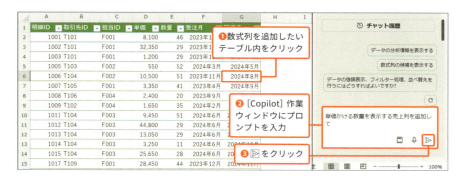

数式列を追加する

単価と数量を掛ける計算は、通常の表の場合なら「=A3*B3」のようにセル番地を組み合わせて書きます。しかし、テーブル内では**構造化参照**というものを使います。構造化参照は「[@列名]」のように列の名前を使って書き、単価と数量を掛ける計算なら「=[@単価] * [@数量]」となります。

Copilotを使って数式列を追加する場合も、構造化参照が使われます。「単価」列と「数量」列を持つテーブルを用意して、Copilotの作業ウィンドウを開き、プロンプトを入力してみましょう。

Chapter 3-2 「単価×数量」の列を追加する

> **Prompt**
>
> 単価かける数量を表示する売上列を追加して

［Copilot］作業ウィンドウに数式列の提案が表示されます。内容に問題がなければ、［列の挿入］をクリックしてください。

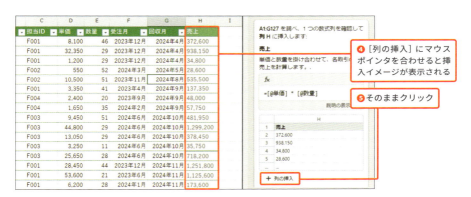

新しい数式列の「売上」列はテーブルの端に追加されます。切り取り＆挿入で「数量」列の横に移動しておきましょう。

> **Column** 構造化参照の見方
>
> 構造化参照では、@を付けない場合は列全体を指し、@を付けると数式と同じ行のデータだけを指します。例えば、「売上」列の数値をすべて合計したい場合は、「=SUM([売上])」と書きます。列内の特定行だけを参照したい場合は、「=ROUND([@売上], 0)」と書きます。また、テーブルの外部から参照する場合は「テーブル名[列名]」という形になります。

Chapter 3-3

Copilot in Excel

大きい順に順位を表示する列を追加する

順位の計算は、評価や分析といったシチュエーションでよく使われます。計算自体は関数を使うシンプルなものですが、順位が重複したときの結果の見方に注意する必要があります。

「単価」列を元に「順位」列を追加

■ 関数を使って順位を求める

Excelで計算を行う場合、四則演算のほかに**関数**というものを使います。関数は目的に応じて計算を行ってくれる便利な公式のようなものですが、数百もの種類から用途にあった関数を覚える必要があったり、あらかじめ決められている形式で入力する必要があったりと難しい一面もあります。

しかし、Copilotを使えば目的を文章で書くだけで関数を自動的に選んで入力してくれます。

実際に単価列を持つテーブルを準備して、大きい順に単価の順位を表示する列を追加してみましょう。

❶ 数式列を追加したいテーブル内をクリック

❷ [Copilot] 作業ウィンドウにプロンプトを入力

Chapter 3-3　大きい順に順位を表示する列を追加する

Prompt

単価の大きい順の順位を表示する順位列を追加して

挿入した「順位」列を、切り取り＆挿入で「単価」列の右に移動します。

Copilotに提案された数式を見ると、順位を求める際に使用される **RANK関数** が入力されていました。

=RANK([@単価],[単価],0)

RANK関数では同じ値が複数ある場合に同率順位となり、その分だけ次の順位が飛ばされます。結果を確認する際には、この点に注意しましょう。

Chapter 3-4 曜日を表示する列を追加する

Copilot in Excel

曜日の列の追加は、曜日別のデータを分析する場合やスケジュール管理で営業日と休日を区別する場合によく使われます。関数では引数が複雑で、式も長くなりますが、Copilotではプロンプト1つで解決します。

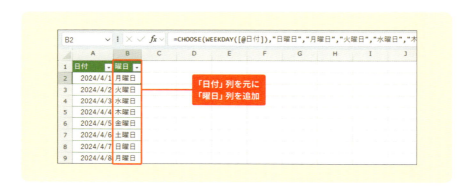

■ 日付から曜日を求める

まずは「日付」列を持つテーブルを用意して、次のプロンプトを実行してみましょう。

> **Prompt**
>
> 日付列をもとに曜日を表示する列を追加して

プロンプトを実行すると、次の数式が提案されます。

❶[列の挿入]にマウスポインタを合わせると挿入イメージが表示される

Chapter 3-4　曜日を表示する列を追加する

Copilotに提案された数式を見ると、**WEEKDAY関数**と**CHOOSE関数**が組み合わされています。

`=CHOOSE(WEEKDAY([@日付]),"日曜日","月曜日","火曜日","水曜日","木曜日","金曜日","土曜日")`

WEEKDAY関数は与えられた日付が日曜日なら1、月曜日なら2というように、曜日を表す1～7の数を返します。

CHOOSE関数は第1引数の数に合わせて、第2引数以降の値を返します。この場合は1～7に応じて「日曜日」～「土曜日」を返し、セルに表示します。

「曜日」を削除した表記（「月」「火」など）で「曜日」列を追加したい場合は、次のようにプロンプトを補足することで表記を変えることができます。

 Prompt

日付列をもとに曜日を表示する列を追加して。ただし表記を省略して

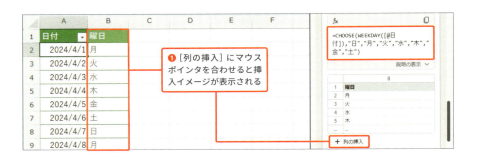

❶ [列の挿入] にマウスポインタを合わせると挿入イメージが表示される

Copilotに提案された数式を見ると、最初のプロンプトが生成した数式と比較して、CHOOSE関数の引数の曜日の表記から「曜日」が削除されていることがわかります。

`=CHOOSE(WEEKDAY([@日付]),"日","月","火","水","木","金","土")`

Chapter 3-5 開始月から終了月までの期間を表示する

Copilot in Excel

期間の計算は、作業工数や勤続年数を求める場合など、幅広く使われます。期間を日数で求めるのは単なる引き算で行えますが、月数や年数で求める場合は注意が必要です。

[表の画像：受注から何カ月後に、仕事を終えて入金に到達したかを月数で求める。数式 `=DATEDIF([@受注月],[@回収月],"m")`]

■ 期間を日数で表示する

Excelでは日付時刻のデータを**シリアル値**という数値で管理しているので、終了日時から開始日時を引くだけで、期間を求めることができます。注意点としては、入力されている日付が文字列ではなく、**日付データ（数値に日付の表示形式が設定されたもの）**となっている必要があることです。

Copilotで日数の期間を求めてみましょう。サンプルのテーブルでは、受注月（仕事を受けた月）と回収月（入金された月）の列に日付データが入力されており、年月のみが表示されるよう表示形式が変更されています。その前提で次のプロンプトを実行します。

Prompt

受注月から回収月の期間を表示する期間列を追加して

Chapter 3-5　開始月から終了月までの期間を表示する

　Copilotに提案された数式を見ると、「回収月」列から「受注月」列の引き算に対して、**FLOOR.MATH関数**が使われています。

=FLOOR.MATH([@回収月] - [@受注月])

　FLOOR.MATHは、数値の切り捨てを行う関数です。今回の例では、小数点以下を切り捨てて、整数にしています。Excelのシリアル値では、数値の整数部が日付、小数点以下が時刻を表すので、小数点以下を切り捨てると、時間を含まない日数を得ることができます。

■ 期間を月数で表示する

　回収月から受注月までの期間が、日数では少々わかりにくいですね。月数で表示されるようにしてみましょう。先ほどのプロンプトに「月数で」を加えてみましょう。

 Prompt

受注月から回収月の期間を月数で表示する期間列を追加して

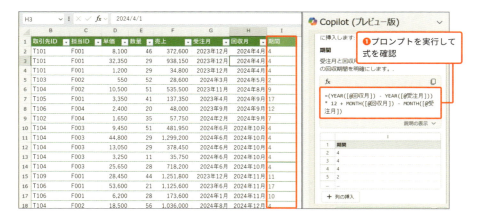

筆者が数回試したところ、次の2種類の数式が提案されました。

=INT(FLOOR.MATH([@回収月] - [@受注月]) / 30)

=(YEAR([@回収月]) - YEAR([@受注月])) * 12 + MONTH([@回収月]) - MONTH([@受注月])

前者の数式はまず日数を求め、それを30で割って月数にしています。後者の数式は**YEAR関数**で年数を取り出してその差を12倍して月数にし、それに**MONTH関数**で取り出した年数の差を加えています。

実は前者の数式は正しくありません。1カ月の日数は30日とは限らないからです。期間が短いうちは大きな問題はないのですが、**期間が長くなると数カ月のズレが出てきます**。数式をちゃんと確認しないと間違いが見つからないのが、怖いところです。

■ DATEDIF関数を使う

たいていのExcel解説書では、期間を調べるときは**DATEDIF関数**を使えと説明しています。この関数の名前を覚えていれば、次のようにプロンプトを補足することで、DATEDIF関数を使った数式列を追加できます。

 Prompt

受注月から回収月の期間を月数で表示する期間列を追加して。ただしDATEDIF関数を使って

Chapter 3-5　開始月から終了月までの期間を表示する

DATEDIF関数は第3引数に「"m"」と指定すると月数、「"y"」と指定すると年数を返します。提案された数式を見ると、正しく引数が指定されていますね。

=DATEDIF([@受注月],[@回収月],"m")

［列の挿入］をクリックして数式列を挿入すると、次のように「期間」列が挿入されています。

この受注月から回収月までの期間は、仕事を受注してから入金されるまでの期間を表しています。つまり、**短期間で収益につながった「おいしい」案件はどれか**を調べる目安となるわけです。

95

Chapter 3-6
条件によって表示を変える列を追加する

Copilot in Excel

Excelで条件分岐の関数を使うと、データが条件を満たしているかどうかを表示できます。条件が複数あると数式も難しくなるので、Copilotで自動生成しましょう。

■ 条件によって表示を変える

まずは「売上」列を持つテーブルを準備して、売上の大きさによって表示を変える列を追加してみましょう。次のプロンプトを実行します。

 Prompt

> 売上列をもとに、500000以上の時は「達成」、その他の時は「未達成」と表示する目標列を追加して

Copilotに提案された数式を見ると、**IF関数**が使われています。

96

Chapter 3-6 条件によって表示を変える列を追加する

```
=IF([@売上] >= 500000, "達成", "未達成")
```

　IF関数の引数は、条件を表す**論理式**([@売上] >= 500000)と、論理式が満たされる場合に表示する内容("達成")、論理式が満たされない場合に表示する内容("未達成")の3つです。
　条件が1つの場合、IF関数を知っている人ならプロンプトよりも関数を使った式の方が短く、書きやすいと感じるでしょう。Copilotはより複雑な条件を提示した場合に力を発揮します。

■ 複数の条件を組み合わせる

　次に「件数」列を持つテーブルを使い、件数を複数の条件で判定して表示を変えてみましょう。先ほど挿入した「目標」列を削除して、次のプロンプトを実行します。

> **Prompt**
> 件数列をもとに、下記の条件で表示を変える目標列を追加して
> ・20以上の時は「達成」
> ・10未満の時は「要ヒアリング」
> ・その他の時は「未達成」

Copilotに提案された数式を見ると次のようになっています。

```
=IF([@件数] >= 20, "達成", IF([@件数] < 10, "要ヒアリング", "未達成"))
```

　このように複数の条件が存在すると、IF関数の引数に他のIF関数が入る構造になります。これを**入れ子（ネスト）**と呼びます。条件が増えるほど入れ子も増えてIF関数が長く複雑になりますが、Copilotでは条件と表示する内容をリストにすれば、自動的に入れ子にしてくれます。

　ただし、プロンプトに指定した数値条件があいまいで、範囲が重複したり反対に抜けがあったりした場合、Copilotが誤った数式を提案することがあります。正確な数式が提案されるよう、基準にした数を含める場合は「**以上**」「**以下**」、含めない場合は「**より大きい**」「**未満（より小さい）**」と区別して入力しましょう。

■ 複数の列を元にした条件を組み合わせる

　最後に「売上」列と「件数」列を参照した条件判定をしてみましょう。先ほどと同じテーブルを使い、同様に「目標」列を削除してから次のプロンプトを実行します。

Chapter 3-6　条件によって表示を変える列を追加する

Prompt

売上列と件数列をもとに、下記の条件で表示を変える目標列を追加して
・売上が500000以上で件数が20以上の時は「達成」
・売上が500000以上の時は「売上のみ」
・件数が20以上の時は「件数のみ」
・その他の時は「未達成」

❶数式列を追加したいテーブル内をクリック

❷［Copilot］作業ウィンドウにプロンプトを入力して実行

Copilotに提案された数式を見ると、IF関数の論理式に **AND関数** が使われています。

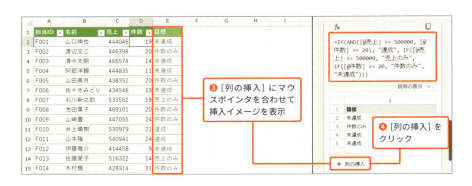

❸［列の挿入］にマウスポインタを合わせて挿入イメージを表示

❹［列の挿入］をクリック

=IF(AND([@売上] >= 500000, [@件数] >= 20), "達成", IF([@売上] >= 500000, "売上のみ", IF([@件数] >= 20, "件数のみ", "未達成")))

　このAND関数は、引数に「売上が500000以上」と「件数が20以上」の2つの論理式を持っています。両方の式が満たされる場合は **TRUE** を返し、式が1つでも満たされない場合は **FALSE** を返します。そしてこのIF関数は、AND関数がTRUEを返すと「達成」を表示し、FALSEを返すと入れ子になったIF関数を確認します。

　ANDと聞くと「AとB」といった並列のイメージがありますが、AND関数のように「AかつB」「AとB両方とも」という意味もあることを覚えておきましょう。

Chapter 3-7 Copilot in Excel

区切り文字で文字列を分割して列を追加する

Excelでは必要な情報を抽出するときに、文字列を分割することがあります。関数を使う場合は分割する数だけ関数を入力する必要がありますが、Copilotでは区切り文字を伝えるだけで一度に分割してくれます。

■ 1つのプロンプトで複数列を追加する

まずは「口座情報」列を持つテーブルを用意して、「-」を基準に口座情報を分割した文字列を格納する列を追加してみましょう。次のプロンプトを実行します。

> **Prompt**
>
> 口座情報列を「-」で分割して次の列を追加して
> ・銀行コード列
> ・支店コード列
> ・口座番号列

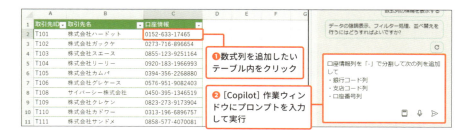

Copilotに提案された数式を見ると、「銀行コード」列、「支店コード」列、「口座番号」列それぞれに数式が提案されており、3列同時に追加することができます。

❸ [列の挿入] にマウスポインタを合わせると、「銀行コード」列、「支店コード」列、「口座番号」列の挿入イメージが同時に表示される

列を挿入する前に、[Copilot] 作業ウィンドウに提案された各列の数式を確認してみましょう。

「銀行コード」列に提案された数式を見ると、**LEFT関数**と**FIND関数**が使われています。

LEFTは抽出に使う関数で、口座情報の先頭から第2引数の数だけ文字を取り出します。

FINDは検索に使う関数で、区切り文字「-」が口座情報の先頭から何文字目にあるか探し出し、その数を返します。

「銀行コード」列に提案された数式

=LEFT([@口座情報],FIND("-",[@口座情報])-1)

次に「支店コード」列に提案された数式を見ると、FIND関数のほかに**MID関数**が使われています。MIDも抽出を行う関数で、口座情報の指定した位置から指定した文字数を取り出します。FIND関数はその位置と文字数を求めるために使用されています。

「支店コード」列に提案された数式

=MID([@口座情報],FIND("-",[@口座情報])+1,FIND("-",[@口座情報],FIND("-",[@口座情報])+1)-FIND("-",[@口座情報])-1)

最後に「口座番号」列に提案された数式を見ると、FIND関数のほかに**RIGHT関数**と**LEN関数**が使われています。RIGHTも抽出を行う関数で、先頭から取り出すLEFT関数と反対に末尾から取り出します。LENは文字列の文字数を求める関数で、ここではFIND関数と一緒に、RIGHT関数が末尾から取り出す文字数を求めています。

「口座番号」列に提案された数式

=RIGHT([@口座情報],LEN([@口座情報])-FIND("-",[@口座情報],FIND("-",[@口座情報])+1))

このように、1つのプロンプトで複数の列を追加するよう指示すると、それぞれの列に合わせた複数の数式を提案してくれます。
[列を挿入]をクリックして確定させましょう。

Chapter 3-7 区切り文字で文字列を分割して列を追加する

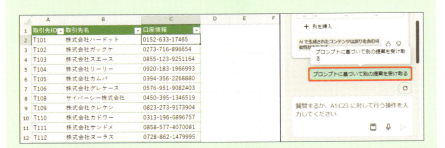

Column 別の数式を提案してもらう

プロンプトを実行して［Copilot］作業ウィンドウに数式の提案が表示されたとき、同時に「プロンプトに基づいて別の提案を受け取る」という候補も表示されます。

これをクリックすると、異なる数式の提案を見ることができます。このページで実行したプロンプトを例に挙げると、「銀行コード」列には「=LEFT([@口座情報],4)」という数式が提案されました。テーブルの銀行コードは4桁のみのため、この数式でも問題ありません。意図と異なる数式が提案されたときに使ってみましょう。

103

Chapter 3-8
Copilot in Excel

単価を四捨五入した列を追加する

四捨五入や桁数の切り上げ、切り捨てといった端数処理は、金額など整数で扱う必要がある数値や概算に対して使用されます。Copilotで求める場合は、プロンプトの書き方に注意が必要です。

■ プロンプトに求める桁を入力する

Copilotを使って四捨五入をしてみましょう。「単価」列を持つテーブルを用意して、次のプロンプトを実行します。

> Prompt
>
> 単価列を100の位で四捨五入して端数処理列を追加して

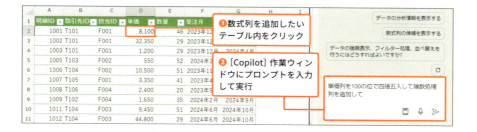

104

Chapter 3-8 単価を四捨五入した列を追加する

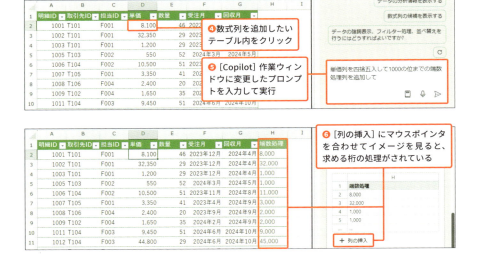

列の挿入イメージを見ると、100の位ではなく10の位で四捨五入されていることがわかります。この問題は四捨五入だけでなく、切り上げ、切り捨ての場合にも発生します。このような結果を避けるため、プロンプトを次のように変更します。

> **Prompt**
>
> 単価列を四捨五入して1000の位までの端数処理列を追加して

このように処理する桁（100の位）ではなく**求める桁**（1000の位）をプロンプトに入力すれば、期待どおりに端数処理ができます。切り上げ、切り捨ての場合は、上記のプロンプトの「四捨五入して」の部分を、「切り上げて」や「切り捨てて」と変更して入力してください。

105

担当者IDから担当者名を表引きする

Chapter 3-9 Copilot in Excel

Excelで「表引き」といえばVLOOKUP関数やXLOOKUP関数が有名ですが、引数が複雑で覚えにくいものの筆頭です。Copilotにおまかせで入力してもらいましょう。

■ プロンプトで表引きする

表引きとは、例えば別の場所に「ID（識別番号）」と「名前」の対応表を用意しておき、IDを入力するだけで名前を表示させる処理のことです。「取引先」「担当者」「製品」などの名前の管理に使われ、名前の入力ミスを減らす効果があります。

Excelには、表引き用の関数として古くから**VLOOKUP関数**があり、Excel 2021以降では使い勝手が向上した**XLOOKUP関数**も使えるようになりました。使いどころが多いVLOOKUP/XLOOKUP関数ですが、SUM関数などの初歩的な関数に比べて引数が複雑で、マスターしにくいものの1つとされています。

これをCopilotに入力させましょう。「担当ID」列を持つテーブルを用意し、同じシート内に対応表（担当者マスタ）を作った状態で、次のプロンプトを実行します。

Prompt

担当IDをもとに担当者名を表示する列を追加して

Chapter 3-9 担当者IDから担当者名を表引きする

追加された「担当者名」列は、切り取り＆挿入で「担当ID」列の隣に移動しておきます。セルを選択すると、XLOOKUP関数が入っていることが確認できます。

XLOOKUP関数はExcel 2021で追加されたため、それより古いバージョンのExcelでは使用できません。代わりにVLOOKUP関数を使いたい場合は、プロンプトを次のように変更します。

> **Prompt**
> 担当IDをもとに担当者名を表示する列を追加して。ただしVLOOKUP関数を使用して

なお、担当者マスタの表は絶対参照（$を使った参照）されているため、このマスタ表が移動すると結果がおかしくなる点には注意してください。

107

Chapter 3-10 Copilot in Excel

別シートの対応表を使って表引きする

3-9節の例では、対応表が同じシート内にあるため、その位置が変わると参照がおかしくなります。対応表を別シートに配置すれば、その問題は解決します。

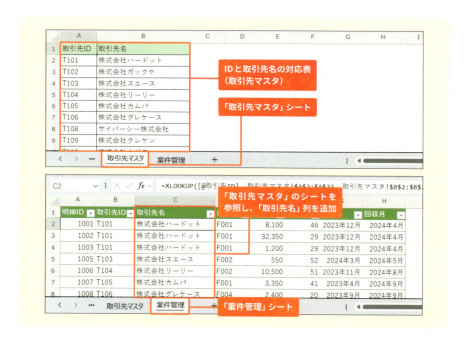

■ 別のシートに対応表を配置する

　テーブルのあるシートはフィルターを使って並べ替えや絞り込みを行うため、テーブル以外のデータが動いてしまう可能性があります。それを避けるため、対応表を使用する場合はテーブルがあるシートとは別に、対応表専用のシートを作成することをおすすめします。

　実際に「取引先ID」列を持つテーブルを用意し、テーブルのあるシート（「案件管理」シート）とは別に「取引先マスタ」という名前のシートを追加しましょう。そのシート内に取引先マスタの対応表を作った状態で、次のプロンプトを実行します。

Chapter 3-10 別シートの対応表を使って表引きする

Prompt

取引先マスタシートのA:Bを参照して、取引先IDをもとに取引先名を表示する列を追加して

このとき、実行するプロンプトから**「取引先マスタ」「A:B」といったシート名や列名の指定を省略することも可能**です。ただし、Excelファイル内に取引先マスタの表が複数存在していると、正しい数式が生成できないことがあるので、その場合はシート名などを指定してください。

追加された「取引先名」列は、切り取り＆挿入で「取引先ID」列の隣に移動しておくとわかりやすいでしょう。

Chapter 3-11

Copilot in Excel

表引きで#N/Aエラーが表示されないようにする

表引きすると #N/A エラーが発生することがよくあります。プロンプトを工夫して、このエラーを非表示にしましょう。

#N/Aエラーが表示されている

#N/Aエラーを非表示に

■ プロンプトに1文追加して #N/A エラーを非表示に

#N/Aエラーは表引きしたとき、必要なデータが見つからない場合に発生します。このセクションで使用するテーブルは、3-10節のサンプルに修正を加えたもので、「取引先マスタ」シートの対応表から取引先ID「T101」のデータを削除しています。そのため、3-10節の表引きをしたときに、#N/Aエラーが発生しています。

このような状況ではデータを見やすくするため、#N/Aエラーを非表示にすることがあります。表引きするときのプロンプトに1文追加して、このテーブルの#N/Aエラーを非表示にしてみましょう。

Chapter 3-11　表引きで#N/Aエラーが表示されないようにする

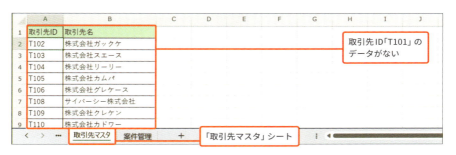

「案件管理」シートのテーブルから「取引先名」列を削除してから次のプロンプトを実行します。このプロンプトは表引きするときに使ったプロンプトに「ただし #N/A は表示されないようにして」という1文のみ追加したものです。

> **Prompt**
>
> 取引先マスタシートのA:Bを参照して、取引先IDをもとに取引先名を表示する列を追加して。ただし #N/Aは表示されないようにして

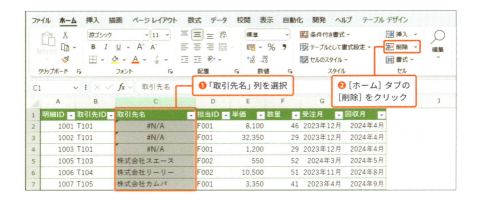

　Copilotに提案された数式を見ると、表引きに使われるXLOOKUP関数の他に**IFERROR関数**が使われています。

```
=IFERROR(XLOOKUP([@取引先ID], 取引先マスタ!$A$2:$A$22, 取引先マスタ!
$B$2:$B$22),"")
```

　IFERROR関数は第1引数の関数でエラーが発生した場合、第2引数の値を表示します。ここでは空白文字列を意味する""（ダブルクォーテーション2つ）を指定しているため、#N/Aエラーが表示されていたセルが空白セルになります。

Chapter 3-12　ビジネスにおける指標を求める

Chapter 3-12
Copilot in Excel

ビジネスにおける指標を求める

収益性について分析する際に使用される売上高総利益率など、経営分析は観点によってさまざまな指標が使われます。これらの指標は計算式が決まっているため、Copilotで数式を自動生成できます。

「売上高総利益率」列を追加

■ 指標の名前だけで数式を生成する

経営におけるデータ分析では**指標**を求めるための定番の計算式があります。例えば、**売上高総利益率**は「（売上高－売上原価）÷売上高」という計算式で求められます。このような計算式に沿った数式はCopilotで生成しやすく、使われている「売上高」「売上原価」などの名前がExcelの列に存在すれば、プロンプトで列を指定する必要がありません。

実際に売上高総利益率を求めてみましょう。「売上高」列、「売上原価」列を持つテーブルを用意し、次のプロンプトを実行します。

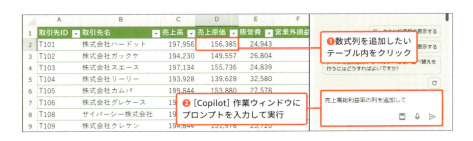

❶数式列を追加したいテーブル内をクリック
❷[Copilot]作業ウィンドウにプロンプトを入力して実行

> **Prompt**
>
> 売上高総利益率の列を追加して

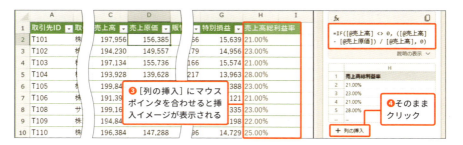

Copilot に提案された数式を見ると **IF関数** が使われています。

`=IF([@売上高] <> 0, ([@売上高] - [@売上原価]) / [@売上高], 0)`

　このIF関数は、0の割り算を避けるために、「売上高」列が0以外の場合は売上高総利益率を求める計算式「(売上高－売上原価)÷売上高」を実行し、「売上高」列が0の場合は売上高総利益率を0にするようになっています。売上高総利益率を求める数式として問題ないため、列を挿入して「売上原価」列の右に移動します。

■ プロンプトで必要なデータを確認する

　指標を指定して列を追加する際、計算式が要求するデータをうまく見つけられないことがあります。そのような場合は誤った数式が提案されないよう注意しましょう。
　例えば、売上高総利益率を求める際に使用したテーブルから**「売上原価」列を削除して同じプロンプトを実行**すると、次の数式が提案されます。

Chapter 3-12 ビジネスにおける指標を求める

[列の挿入] にマウスポインタを合わせると挿入イメージが表示される

=([@売上高] - [@販管費]) / [@売上高]

　売上高総利益率を求める計算式とほとんど同じに見えますが、売上原価の代わりに販管費が使われているため、売上高総利益率を求める数式として使用できません。一見、それらしく見える数式なので、うっかり見落として使うと危険です。
　このようなハルシネーション問題を避けるため、**指標を求める前に必要なデータがそろっているかどうか確認**する必要があります。例えば、次のプロンプトを実行することで、売上高総利益率を求めるために必要なデータを確認できます。

▷ Prompt
売上高総利益率を求めるために必要なデータを教えて

　データがそろっている(「売上高」列、「売上原価」列が存在する)場合に上記のプロンプトを実行したところ、次のように [Copilot] 作業ウィンドウに表示されました。

3　Excelで数式や集計表を生成する

115

売上高総利益率を求めるために必要なデータと計算方法について言及したあと、「テーブルには、これらのデータが含まれている」と、**求めるためのデータがすべてそろっている**ことを教えてくれます。

一方で、データが足りない（「売上高」列はあるが、「売上原価」列がない）場合に同様のプロンプトを実行したところ、次のように［Copilot］作業ウィンドウに表示されました。

データがそろっている場合と同様に必要なデータと計算方法について言及しつつ、「『売上高』のデータがありますので『売上原価』のデータを用意していただければ、売上総利益率を計算することができます」と、**そろっているデータと不足しているデータ**をそれぞれ教えてくれます。

データが足りない場合に指摘された不足データをテーブルに追加すれば、指標を指定して列を追加する場合に提案される数式の正確性を上げることができます。

また、今回求めた売上高総利益率は、収益性について分析する際に使用される指標ですが、他の観点の指標も求めることができるので、ぜひ活用してみましょう。

各観点の指標の例

- 安全性分析…自己資本比率（自己資本÷総資本）
- 活動性分析…総資本回転率（売上高÷総資本）
- 生産性分析…資本生産性（付加価値額÷総資本）
- 成長性分析…売上高増加率（（当期売上高－前期売上高）÷前期売上高）

Chapter 3-13 指定した列の平均値を表示する

Chapter 3-13
指定した列の平均値を表示する

Copilot in Excel

平均値はデータの全体的な傾向をつかむために使用されます。平均値を求めるプロンプトを実行した際のCopilotの動作を見てみましょう。

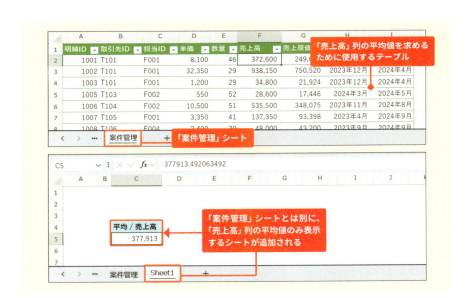

■ 平均値のピボットテーブルを作成する

実際にCopilotを使って平均値を求めてみましょう。「売上高」列を持つテーブルを用意して、次のプロンプトを実行します。

> **Prompt**
> 売上高列の平均値の表を作って

　[Copilot] 作業ウィンドウに「売上高」列の平均値と、[新しいシートに追加] というボタンが表示されました。「売上高」列の平均値を Excel ファイルに追加してみましょう。

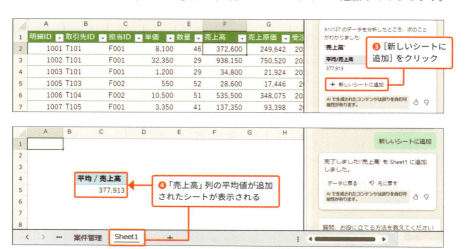

　ピボットテーブルは、テーブルのようなデータベース形式の表を元に、集計表を自動作成する Excel の機能です。本来は列や行、表示する値などをユーザーが指定しますが、それを Copilot が代行してくれています。

　Copilot が生成したシートで [ピボットテーブルのフィールド] 作業ウィンドウを表示してみると、値エリアに売上高の平均値が設定されていることがわかります。

Chapter 3-13　指定した列の平均値を表示する

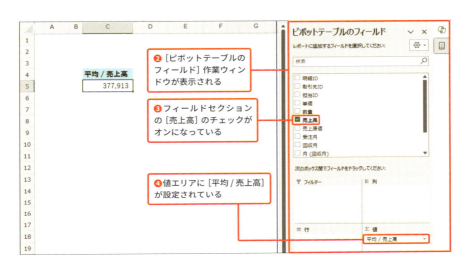

同じシートに複数の平均値を表示したい場合は、「売上高列と売上原価列の平均値の表を作って」というように、プロンプトに複数の列を指定します。

■ 平均値をテーブルの集計行にする

ピボットテーブルのほかに、**集計行**で平均値を求めることもできます。実際にプロンプトで求めてみましょう。

▷ **Prompt**

売上高列の平均値を求めて

Copilotに提案された数式をみると、平均値を求める**AVERAGE関数**が使われています。問題ないため［セルの挿入］をクリックします。

119

`=AVERAGE([売上高])`

❶ [セルの挿入] をクリック

❷ 「売上高」列の下に平均値を表示するセルが表示される

　平均値を表示するためにテーブルの下に追加された行を「集計行」と呼びます。テーブルの機能であり、集計行のセルに付いているドロップダウンリストで集計方法を選ぶこともできます。

平均値の他に最大値などを求められる

　集計行を削除したい場合は、テーブル内のセルを選択したときにリボンに表示される [テーブル デザイン] タブの [集計行] のチェックを外しましょう。

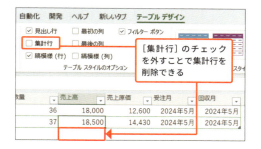

[集計行] のチェックを外すことで集計行を削除できる

Chapter 3-14 担当ID別に月別の合計値を表示する集計表を作る

Copilot in Excel

3-13節ではピボットテーブルを使って平均値を求めましたが、ピボットテーブルの主な目的である集計表の作成もプロンプトで行うことができます。必要な情報をCopilotに伝えて作ってもらいましょう。

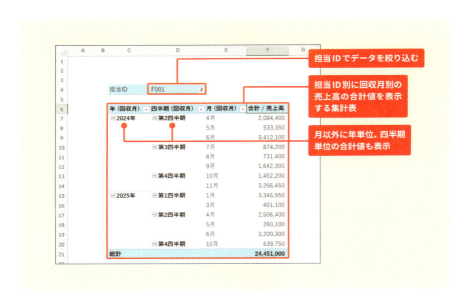

■ 回収月別の売上高の合計値をまとめた集計表を作成する

　テーブルのような表はデータが並べられているだけなので、データ全体の状態や傾向をつかむには適していません。しかし、それらの表から一部を抜き出せば、データを分析しやすい**集計表**を作ることができます。Excelで集計表を作る際によく使われるピボットテーブルは、設定が少し面倒です。しかし、Copilotを使えばプロンプトを実行するだけで、それらの手順を一度に行うことができます。

　実際に、回収月別の売上高の合計値をまとめた集計表を作成してみましょう。「売上高」列、「回収月」列を持つテーブルを用意して、次のプロンプトを実行します。

> **Prompt**
>
> 回収月ごとに売上高の合計値を求めて

　このとき、集計表が追加されたシートに折れ線グラフも追加されます。これは**ピボットグラフ**と呼ばれるグラフで、ピボットテーブルを元に作成されています。

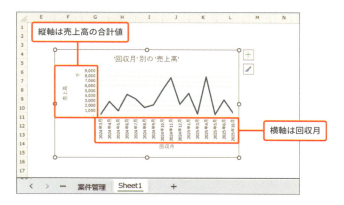

■ フィルターの追加と集計期間単位の変更

ピボットテーブルには**フィルター**という機能があり、条件によって集計の結果の表示を変更できます。例えば、前ページで使用したテーブルの「担当ID」列には、複数行に「F001」という値が格納されていました。フィルターを使えば、「担当ID」列に「F001」が格納されているデータに対して、回収月別の売上高の合計値をまとめた集計表を作成できます。

その集計表を実際に作ってみましょう。同じテーブルに対して、次のプロンプトを実行します。

Prompt

回収月ごとに売上高の合計値を求めて。ただし担当IDがF001のデータのみ表示して

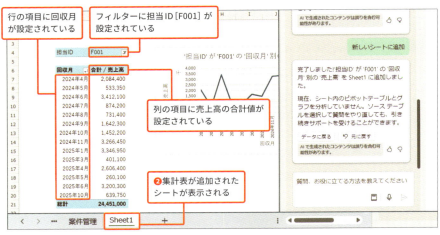

フィルターを使ってみましょう。次の手順で回収月別の売上高の合計値を求める担当IDを「F001」から「F002」に変更できます。

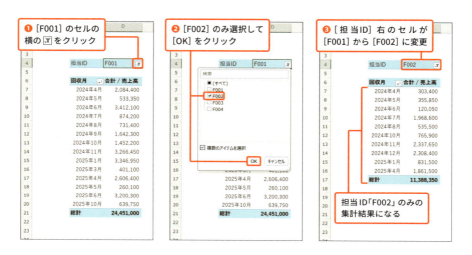

また、回収月を月単位だけでなく年単位や四半期単位で集計した結果も確認したい場合は、[ピボットテーブルのフィールド] 作業ウィンドウを開いて（P.118参照）、次の手順を行ってください。

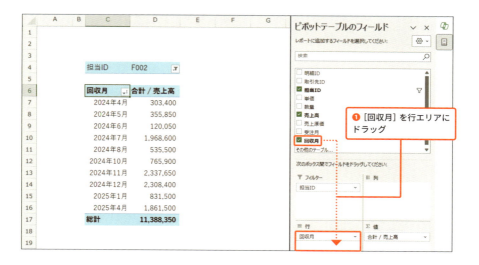

Chapter 3-14　担当ID別に月別の合計値を表示する集計表を作る

　月単位で集計する「回収月」と「月（回収月）」が行エリアに重複しているため、「回収月」を削除します。

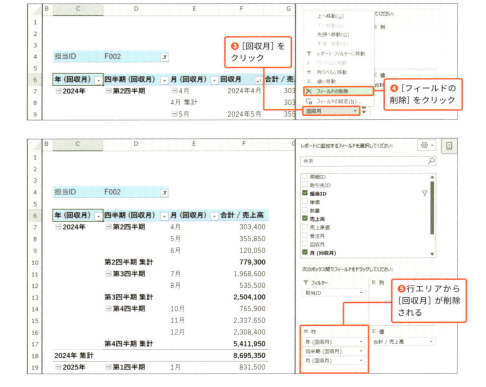

　この状態では年単位、四半期単位、月単位の売上高の合計値がすべて表示されています。月単位の売上高の合計値を非表示にしたいときは、次の手順で行を折りたたみましょう。

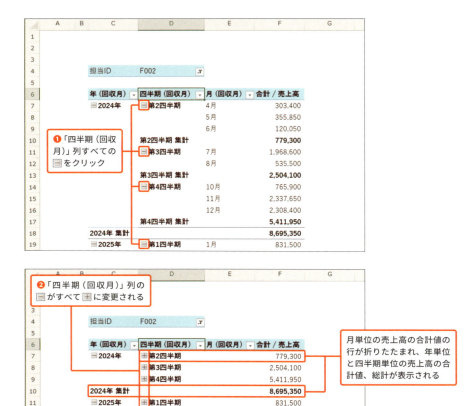

四半期単位の合計値を非表示にしたいときも同様の手順で折りたたみます。

Chapter 3-15
Copilot in Excel

担当ID別に月別のデータ数を表示する集計表を作る

データ数の集計は、頻度などの傾向をつかむために使われます。クロス集計表にまとめることで、条件ごとの頻度の比較や内訳の確認に便利です。Copilotを使って求めてみましょう。

月別に担当ID別の明細数を表示するクロス集計表

■集計表の列・行・値に設定する内容をプロンプトに入力する

　集計表は列だけでなく、行にも見出しを持つことができます。こういった集計表を**クロス集計表**と呼びます。Copilotでは、集計表を作る際に実行するプロンプトに行の見出しの項目を追加するだけで、クロス集計表を作ることができます。

　実際にCopilotを使って作ってみましょう。元データとして「明細ID」列、「担当ID」列、「回収月」列を持つテーブルを用意しました。担当ID別に月別のデータ数を表示するクロス集計表を作るために、次のプロンプトを実行します。

Prompt

担当ID、回収月ごとに明細IDの個数を求めて

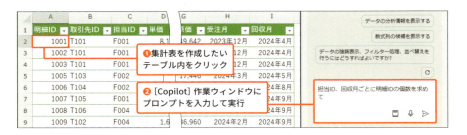

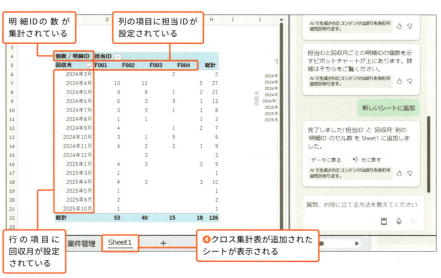

Chapter 3-16 Copilotにおまかせで分析してもらう

Copilotにはデータを渡すだけで自動的に分析してくれる機能もあります。予想もしない視点から分析してくれるかもしれません。分析に行きづまったときはCopilotに聞いてみましょう。

Copilotが提案した分析情報を表示するシートが追加される

■ Copilotに分析してもらった情報をシートに追加する

　Copilotには選択したテーブルのデータを元に自動的に観点を決めて分析し、結果を集計表とピボットグラフでまとめてくれる機能があります。しかも、プロンプトを入力しなくても選ぶだけで結果が表示されます。

　実際に次のテーブルを使って、Copilotに分析してもらいましょう。

［Copilot］作業ウィンドウで新しいチャットを始めた際に、「データの分析情報を表示する」というプロンプトの候補が表示されます。この候補をクリックすると、分析情報の提案が表示されます。

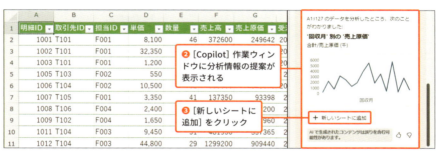

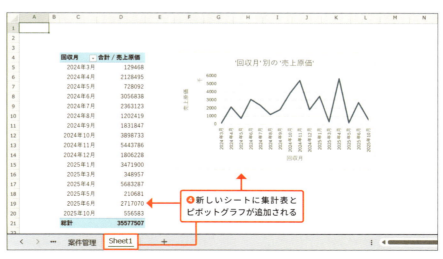

■ 複数の分析の提案を一度に確認する

プロンプトの候補「データの分析情報を表示する」をクリックした際、分析情報の提案のほかに「別の分析情報を表示できますか?」と「すべての分析情報をグリッドに追加する」というプロンプトの候補が表示されます。

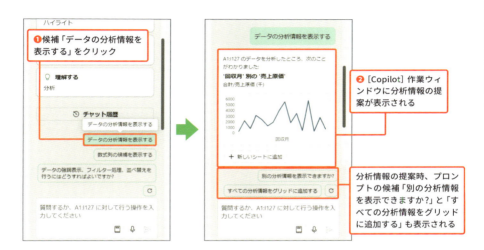

プロンプトの候補「別の分析情報を表示できますか?」をクリックすれば、別の提案を確認できます。しかし、クリックするたびに時間をかけて1つ生成されるため、何種類か確認したい場合には時間がかかってしまいます。

プロンプトの候補「すべての分析情報をグリッドに追加する」を使えば、一度に複数の分析結果を確認することができます。

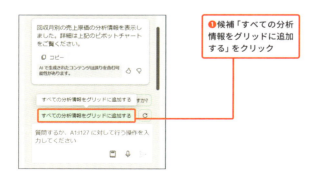

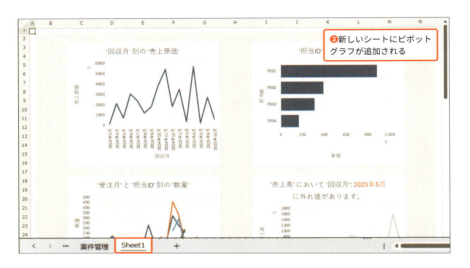

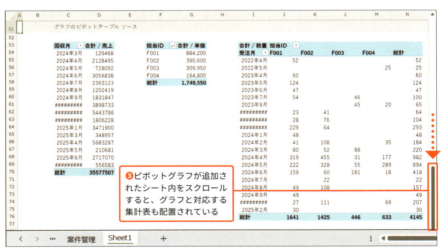

　分析する観点が思いつかない場合や、自分とは違う観点で分析した結果を知りたい場合はぜひ使ってみてください。

Chapter 3-17 セルの書式設定を行う

特定のデータを強調したい場合や、表示する形式を変更したい場合にセルの書式設定が行われます。書式設定を複数設定する場合は、Copilotを使って一括で設定しましょう。

■ 書式設定をリストにしてプロンプトに入力する

　フォントや表示形式など書式の設定は、[ホーム]タブや右クリックメニューから設定できます。しかし、列によって行いたい書式設定がバラバラの場合、列の選択や書式設定を何度も行う必要があります。Copilotを使えば対象の列と書式設定をリストにすることで、一括で設定できます。

　実際に次のテーブルを使って、Copilotに書式設定してもらいましょう。

明細ID	取引先ID	担当ID	単価	数量	売上高	売上原価	受注月	回収月
1001	T101	F001	8,100	46	372600	249642	2023年12月	2024年4月
1002	T101	F001	32,350	29	938150	750520	2023年12月	2024年4月
1003	T101	F001	1,200	29	34800	21924	2023年12月	2024年4月
1005	T103	F002	550	52	28600	17446	2024年3月	2024年5月
1006	T104	F002	10,500	51	535500	348075	2023年11月	2024年8月
1007	T105	F001	3,350	41	137350	93398	2023年4月	2024年9月
1008	T106	F004	2,400	20	48000	43200	2023年9月	2024年9月
1009	T102	F004	1,650	35	57750	36960	2024年2月	2024年9月

　次のプロンプトを実行します。

> **Prompt**
> ・単価列、数量列の背景の色をグレーにして
> ・売上高列のフォントを太字にして
> ・売上高列と売上原価列にコンマ形式を使用して。ただし小数点以下の桁数は0とする

Column 書式設定後の結果を理想に近づける

桁区切りする際のプロンプトは「売上高列と売上原価列にコンマ形式を使用して。ただし小数点以下の桁数は0とする」と2文で構成されています。これは「売上高列と売上原価列にコンマ形式を使用して」のみで実行した場合、小数点第2位まで表示されて見づらくなってしまうからです。

書式設定に限らず、プロンプトで求めている内容と実行した結果に違いがあった場合は、その差異を埋められるような追加の文を準備して、次の機会に活かしましょう。

Chapter 3-18　棒グラフ、折れ線グラフ、円グラフを作成する

Chapter 3-18 Copilot in Excel

棒グラフ、折れ線グラフ、円グラフを作成する

グラフを作成することでデータを可視化し、傾向がつかみやすくなります。特に使われる頻度が高い棒グラフ、折れ線グラフ、円グラフをCopilotで作ってみましょう。

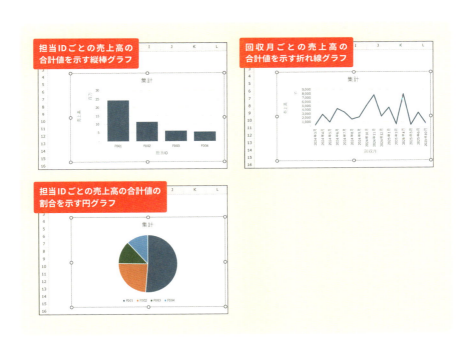

■ 棒グラフを作成する

　Excelでデータを可視化するために使用される**グラフ**は、リボンの［挿入］タブから作成しますが、元データの範囲指定などが必要です。しかし、Copilotを使えばセルの選択が不要な上、使用される頻度が高い棒グラフ、折れ線グラフ、円グラフに関してはほとんど同じプロンプトで作成できます。

　まずは、**棒グラフ**を作ってみましょう。「担当ID」列、「売上高」列を持つテーブルを用意して、次のプロンプトを実行します。

> **Prompt**
>
> 担当IDごとの売上高の合計値を示す縦棒グラフを作成して

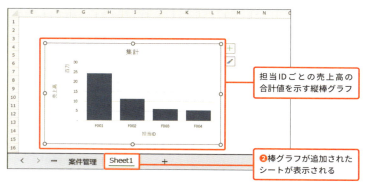

プロンプトに「棒グラフ」と指定すると横棒グラフを提案されます。そのため、まずは作成したい棒グラフが横棒グラフか縦棒グラフかを決める必要があります。その上で比較する項目（担当ID）、比較する量（売上高の合計値）、グラフの種類（縦棒グラフ）をプロンプトに入力しましょう。

■ 折れ線グラフを作成する

次に**折れ線グラフ**を作ります。項目ごとの量を比較する棒グラフと比べて、折れ線グラフは時系列の量の推移を見るために使われるという違いがありますが、共通して横軸と縦軸を持っています。そのため、棒グラフを作成する際のプロンプトの「担当ID」を日付データに、「縦棒グラフ」を「折れ線グラフ」に変更すれば、横軸に日付データ、縦軸に売上高の合計値を持つ折れ線グラフを作るプロンプトになります。

実際に「売上高」列、「回収月」列を持つテーブルを用意して、次のプロンプトを実行してみましょう。

Chapter 3-18 棒グラフ、折れ線グラフ、円グラフを作成する

Prompt

回収月ごとの売上高の合計値を示す折れ線グラフを作成して

❶プロンプトを実行し、［新しいシートに追加］をクリック

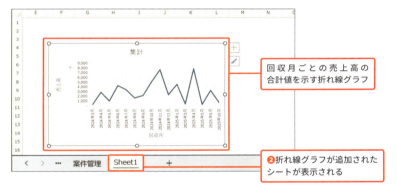

回収月ごとの売上高の合計値を示す折れ線グラフ

❷折れ線グラフが追加されたシートが表示される

■円グラフを作成する

最後に**円グラフ**を作ります。円グラフはデータ系列（データのまとまり）を1つしか持てませんが、元データ自体は、1系列だけの棒グラフと変わりません。そのため、棒グラフを作成する際のプロンプトの「縦棒グラフ」を「円グラフ」に変更すれば、円グラフを作るプロンプトになります。円グラフにすることで、担当IDごとの割合が伝わりやすくなります。

次のプロンプトを、縦棒グラフを作成した際に使用したテーブルに実行して、円グラフを作ってみましょう。

Prompt

担当IDごとの売上高の合計値を示す円グラフを作成して

137

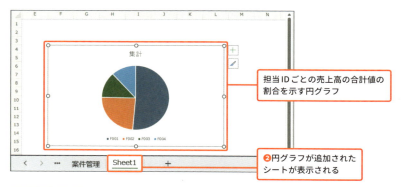

> **Column** 接続の確認を提案されたら他のプロンプトを実行してみよう

プロンプトを実行した際、ネットワーク接続の確認を提案されることがあります。

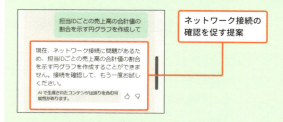

このエラーメッセージが出ても、実際に接続に問題があるとは限りません。筆者の環境では、プロンプトに問題がある場合もこのエラーが表示されることがありました。例えば、円グラフを生成するときに、「担当IDごとの売上高の合計値の割合を示す円グラフを作成して」というプロンプトを実行した場合です。もともと円グラフは割合を示すものなので、意味が重複しています。そこで「の割合」を削除してプロンプトを実行したところ、問題なく円グラフが生成されました。

そのため、プロンプトを実行してネットワーク接続の確認を提案されたら、まずほかのプロンプトを実行して、本当に接続に問題があるか確認しましょう。問題なく動いたら、エラーが出たプロンプトを見直してみてください。

Chapter 3-19 データを並べ替える

Copilot in Excel

データを特定の順番で並べ替えることで表が見やすくなります。特にCopilotでは並べ替えの指示をリスト化することで、複数列の並べ替えをリスト順に行ってくれます。

■ 1つの列を基準に並べ替える

次のプロンプトを実行して、「件数」列を持つテーブルを、件数が大きい順に並べ替えましょう。

> **Prompt**
> 件数列を大きい順に並べて

❶プロンプトを実行し、[適用]をクリック

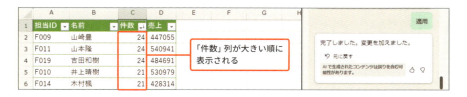

件数は大きい順に表示されるようになりましたが、件数が同数の場合の売上の順番はバラバラに表示されています。そこで、件数が同じなら売上が大きい順に表示されるようにプロンプトを入力してみましょう。

複数条件で並べ替える

　Copilotのプロンプトに複数の指示がある場合、上から順番に実行されます。そのため、優先順位の低い順に列の並べ替えの指示を複数書くと、結果的に複数条件でデータを並べ替えられます。

　先ほどのテーブルに対して、件数が大きい順に、件数が同数の場合は売上が大きい順になるように並べ替えましょう。並べ替えの優先順位は、「件数」列→「売上」列となるため、次のプロンプトを実行します。

> **Prompt**
> ・売上列を大きい順に並べて
> ・件数列を大きい順に並べて

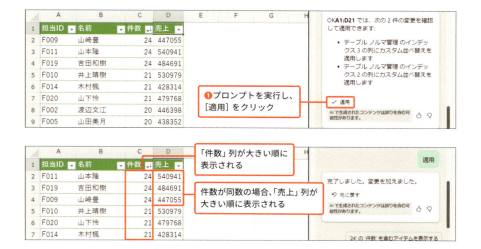

140

Chapter 3-20 データを絞り込む

データを絞り込むことで、見たいデータのみを表示させることができます。同じ値を持つデータだけでなく、プロンプトに条件を入力すれば合致したデータを絞り込んでくれます。

■ 同じ値を持つデータを絞り込む

「取引先ID」列を持つテーブルを用意しました。次のプロンプトを実行して、取引先IDが「T101」のデータのみ絞り込んで表示しましょう。

> **Prompt**
> 取引先IDがT101のデータのみ表示して

❶プロンプトを実行し、[適用]をクリック

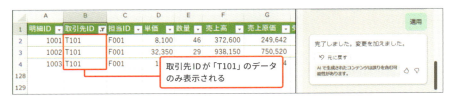

取引先IDが「T101」のデータのみ表示される

ほかにも「取引先IDがT101、T102のデータ」というように、同じ列に対して複数の値を絞り込むことや、「取引先IDがT101、担当IDがF001のデータ」というように、複数の列に対して絞り込むことが可能です。また、絞り込みを解除したい場合は、その旨をプロンプトに入力して実行しましょう。

> **Prompt**
>
> 絞り込みを解除して

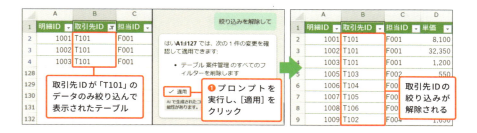

■ 日付フィルターで絞り込む

テーブルには「日付フィルター」という機能があり、日付データを持つ列は「今日」「今週」「今月」「今四半期」「今年」などの時期を表すキーワードで絞り込むことができます。

例として、「回収月」列を持つテーブルに対して次のプロンプトを実行します。

> **Prompt**
>
> 回収月が今月のデータのみ表示して

142

Chapter 3-21 特定のデータを強調する

Chapter 3-21 Copilot in Excel

特定のデータを強調する

条件付き書式は、名前のとおり条件に合うセルに対して背景色などの書式を変更する機能です。Copilotを使えばややこしい条件設定を省けます。

データが20以上のセルの背景色を赤で表示する

■ 条件と書式を指定する

まずは実際に特定のデータを強調してみましょう。「件数」列を持つテーブルを用意して、次のプロンプトを実行します。

> **Prompt**
> 件数列で20以上のセルの背景色を赤にして

❶プロンプトを実行し、[適用]をクリック

143

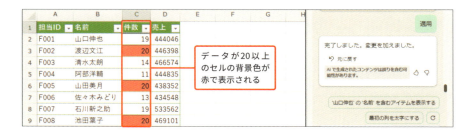

ここでは背景色を変更しましたが、そのほかにも「セルの文字を赤にして」という指示で文字の色を、「セルを太字にして」という指示で太字に変えることができます。

■ 条件を修正するには

強調するセルの値が数の場合、提案された条件付き書式に誤った条件が設定されてしまうことがあります。

次の画面は、先ほどと同じプロンプトを実行したものですが、このときの提案をよく見ると「20より大きい」と表示されており、提案が誤っていることがわかります。

このようにプロンプトに正しく条件を指定しても、Copilotは条件を間違えることがあるのです。

「適用」をクリックする前に提案の誤りに気付いた場合は、同じプロンプトを再度実行してみましょう。「適用」をクリックしたあとに提案の誤りに気付いた場合は、[条件付き書式ルールの管理] から修正できます。

Chapter 3-21 特定のデータを強調する

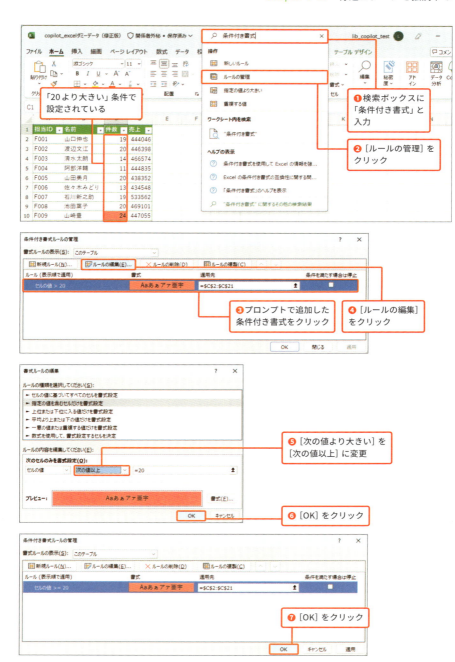

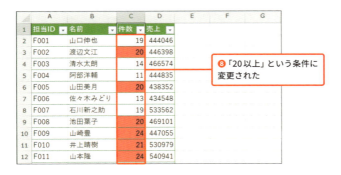

❽「20以上」という条件に変更された

> **Column** 基準の数がテーブルにないと「以上」「以下」は提案されない

「件数列で20以上のセルの背景色を赤にして」というプロンプトを実行したとき、「20以上」という条件で提案される場合と、「20より大きい」という条件で提案される場合があることを紹介しました。さらに調べたところ、基準の数（この場合は20）が値としてテーブルにないと、「以上」「以下」を使ってプロンプトを入力しても、提案には「より大きい」「より小さい」という設定で提案されるようです。実際に、同じテーブルに対して「売上列で500000以上のセルの背景色を赤にして」というプロンプトを実行したところ、次のように「より大きい」と提案されました。

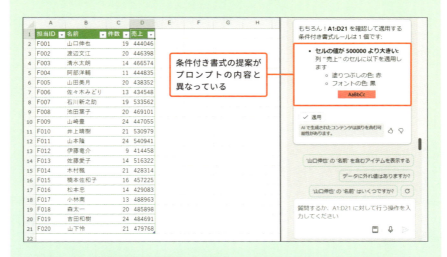

条件付き書式の提案がプロンプトの内容と異なっている

このような場合は同じプロンプトを再度実行しても同じ提案が表示されるため、いったん［適用］をクリックしてから［条件付き書式ルールの管理］で修正しましょう。

Chapter 3-22 データバーを設定する

データバーは、数が入力されたセル内に、数の大きさに比例した棒グラフを表示する条件付き書式です。グラフを作らなくても値の大小を視覚化でき、便利です。

「売上高」列にデータバーを表示する

■ さまざまな指定でデータバーを設定する

まずは列名のみ指定して、データバーを設定してみましょう。「売上高」列を持つテーブルを用意して、次のプロンプトを実行します。

> **Prompt**
>
> 売上高列にデータバーを設定して

❶ データバーを追加したいテーブル内をクリック

❷ [Copilot] 作業ウィンドウにプロンプトを入力して実行

　設定されたデータバーの色や、グラデーションの有無を変えたい場合は、その旨をプロンプトに追加しましょう。

　例として、グラデーションがない赤のデータバーが追加されるように、先ほどのプロンプトを修正して実行してみましょう。このとき、同じ列に重複してデータバーを設定しないよう、次のプロンプトを実行して先ほどのデータバーを削除します。

 Prompt

売上高列のデータバーを削除して

Chapter 3-22 データバーを設定する

削除したらグラデーションがない赤のデータバーを設定するために、次のプロンプトを実行します。

> **Prompt**
> 売上高列に赤のデータバーを設定して。ただし塗りつぶして

> **Column** Excelが分析を行う機能「データ分析」

3-16節でプロンプトの候補「データの分析情報を表示する」を使うことで、テーブルを元にCopilotがデータを分析してくれることを紹介しました（P.129参照）。Excelにも同じような働きの「データ分析」があります。分析結果をピボットテーブルやグラフとしてシートに追加する部分は共通していますが、Copilotと違ってExcelファイルの格納場所の制限がありませんし、テーブルを設定していない表に対しても使えます。Copilotが意図どおりの分析をしてくれないときはこちらを使ってみましょう。

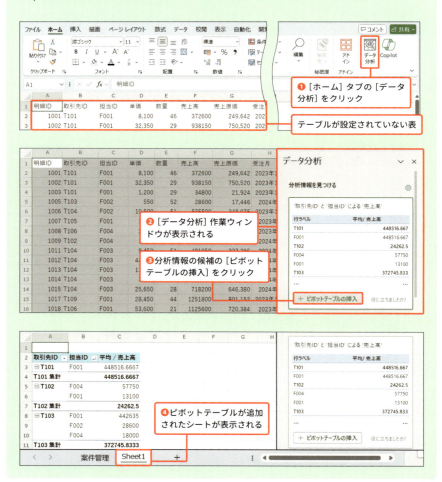

Chapter

4

—

PowerPointで
プレゼンテーションを
生成する

PowerPointのCopilotは、元になるWord文書さえあれ
ば、それを自動的にプレゼンテーションにしてくれま
す。既存のプレゼンテーションをブラッシュアップす
る機能も用意されています。

CHAPTER 4 Overview　Features & Attention

PowerPointのCopilotの特徴

■ できること ■

　PowerPointのCopilotは、すべて[Copilot]作業ウィンドウから利用します。プロンプトを入力して、プレゼンテーションの作成や要約を短時間で生成していきましょう。ただし、原稿執筆時点では、自分で作ったプロンプトだとエラーが出やすいため、あらかじめ**用意されているプロンプト**の使用をおすすめします。

　用意されているプロンプトを表示させるには、[ホーム]タブの[Copilot]をクリックして、[Copilot]作業ウィンドウを表示させます。作業ウィンドウにある📋をクリックして、プロンプトを選択します。プレゼンテーションを作成する前の段階では、「**作成する**」「**編集する**」「**質問する**」の3つのプロンプトが用意されています。

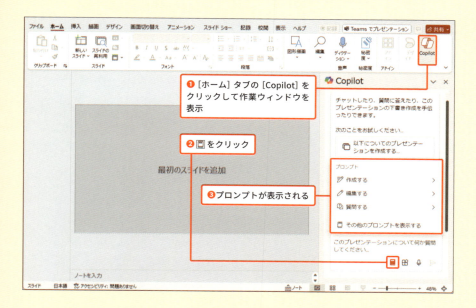

152

また、プレゼンテーションを作成したあとは、「**理解する**」というプロンプトが追加されます。

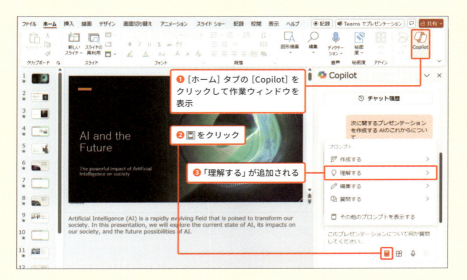

これら4種類のプロンプトを使って、プレゼンテーションを生成していきます。それぞれの中に、いくつかのプロンプトが用意されています。追加情報を求めるプロンプトもあるので、指示に沿って指定していきます。

また、使用したいプロンプトがない場合は、「その他のプロンプトを表示する」をクリックすると、**「Copilot Labからのプロンプト」ウィンドウ（Copilotプロンプトギャラリー）** が表示され、PowerPointに使用できるプロンプトを探すことができます。

■ 注意すること ■

PowerPointのCopilotを使うにあたって、大きな注意点は次の2つです。

- 言語が混ざったスライドが生成されることがある
- PowerPointファイル自体は、ローカルフォルダーなどに保存されていても問題ないが、プロンプトに追加するWordファイルは**OneDrive**などの「**Copilot**から参照できる場所（P.26参照）」に保存されている必要がある

次の画像は、「AIのこれからについて」というテーマで生成したプレゼンテーションから、2つのスライドを抜き出したものです。

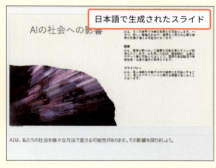

スライドごとに日本語だったり、英語だったりと異なる言語で生成されています。また、ノートも同じく日本語だったり、英語だったりとバラバラに生成されています。

使用したプロンプトに複数の言語が混ざっているときや、ひな形を生成するときな

どに、このようなスライドが生成されます。もし、言語が混ざったスライドが生成されたら、次のプロンプトのように、スライドで使用する言語を指定して、再度生成しましょう。

Prompt

AIのこれからについて日本語で作って

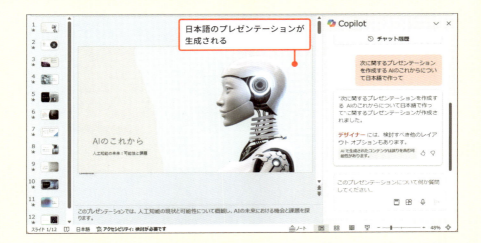

PowerPointのCopilotも、参考用のファイルを挿入できます。ただし、参考用のファイルは**OneDrive**などの「Copilotから参照できる場所（P.26参照）」に保存されているWordファイルだけで、挿入できる数も1つと限られています。

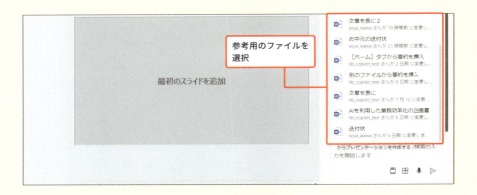

Chapter 4-1 プレゼンテーションを作る

Copilot in PowerPoint

プレゼンテーションを生成するには、Wordファイルを挿入する方法と、プロンプトで指定する方法があります。それぞれ指定したファイルやプロンプトに合わせて、プレゼンテーションを生成してくれます。

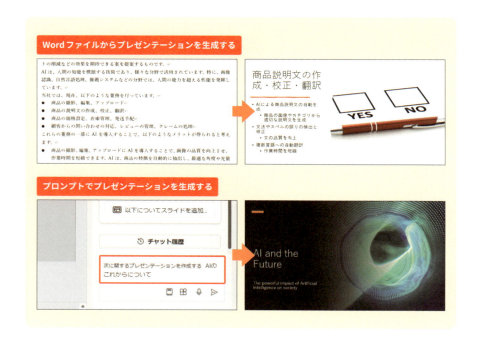

■ Wordファイルを挿入してプレゼンテーションを作る

　まずは、Wordファイルを挿入して、プレゼンテーションを生成しましょう。ここで使用する参考用のファイルは、「2-5 長い文章を要約する」で生成した企画書の文章（P.60参照）の「AIを利用した業務効率化の企画書.docx」を使用します。代わりに、手持ちの資料などを使ってもかまいません。

　また、使用するWordファイルは、プレゼンテーションを生成する前に「表題」「見出し」といった**スタイルを設定しておく**ことをおすすめします。内容に合わせたスタイルを設定しておくことで、スライドが適切に生成されやすくなります。Wordファイルは「Copilotから参照できる場所（P.26参照）」に保存しておきます。

Chapter 4-1　プレゼンテーションを作る

　それでは、PowerPointを起動して、実際に、Wordファイルを元にプレゼンテーションを生成しましょう。

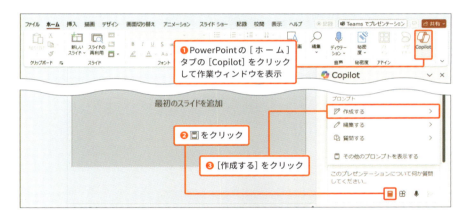

　選択したあと、[**(ファイル) からプレゼンテーションを作成する**]をクリックして、使用する「AIを利用した業務効率化の企画書.docx」を選択します。

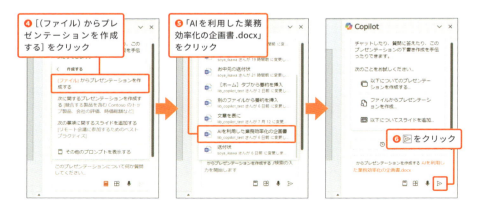

「AIを利用した業務効率化の企画書.docx」を元に、プレゼンテーションが生成されます。

これまでは、Wordの原稿があったとしても、手作業でスライドを起こす必要がありましたが、PowerPointのCopilotを使用すると、**Wordファイルを用意する**だけで、プレゼンテーションを生成できます。

■ テーマだけを指定してプレゼンテーションを作る

次はプロンプトでテーマのみを指定して、内容のすべてをCopilotに生成させてみましょう。「作成する」の「次に関するプレゼンテーションを作成する」プロンプトを使用して、「**何について生成するか**」という情報を渡します。プロンプトに大量の補足情報を書き加えることもできますが、そのやり方であれば、先ほどのWordファイルを挿入するほうが楽に生成できます。そのため、テーマだけを指定するときは、簡潔な情報を渡して下書きを生成することをおすすめします。

実際に生成していきましょう。作業ウィンドウの🔲をクリックして、[作成する]の[**次に関するプレゼンテーションを作成する**]をクリックします。「何について生成するか」という情報を渡すために、次のプロンプトを入力します。

Chapter 4-1　プレゼンテーションを作る

Prompt

AIのこれからについて

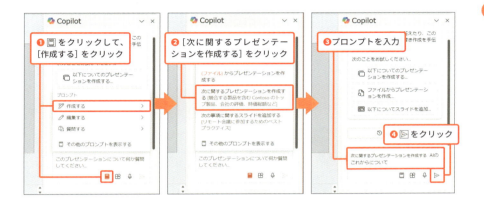

プロンプトに入力した「AIのこれからについて」に沿って、プレゼンテーションが生成されます。

プレゼンテーションを生成したあとは、「4-5 プレゼンテーションの要点をまとめる」（P.168参照）の「理解する」プロンプトを使って、生成されたプレゼンテーションの理解を深めて、プレゼンテーションを仕上げていきましょう。

■ ノートも生成される

　Copilotは、プレゼンテーションを生成するときに、読み上げ用の原稿をノートに生成してくれます。Wordファイルを元に作成した場合は、読み上げ用の原稿に加えて、スライドの元になった文章も並んで入っています。そのおかげで修正の際に元になったWordファイルを見直す必要がなく、PowerPoint上だけでノートを修正できます。

プロンプトにテーマだけを指定したスライドのノート

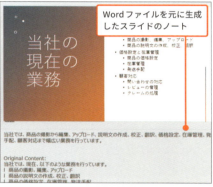

Wordファイルを元に生成したスライドのノート

> **Column** デザインを指定したい場合は
>
> Copilotは自動的にスライドのデザインも生成してくます。ただし、スライドのデザインを会社全体で統一したい場合などは、スライドマスターで「文章や画像の位置」「スライドの背景デザイン」「会社のロゴ」などをあらかじめ設定しておきましょう。設定しておくことで、スライドマスターの設定に合わせてコンテンツを生成してくれます。また、既存のテンプレートを使用した場合も、そのデザインに合わせて生成してくれます。
>
>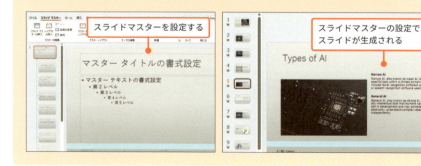
>
> スライドマスターを設定する　　スライドマスターの設定でスライドが生成される

Chapter 4-2　イメージに合ったイラストを追加する

Chapter
4-2
Copilot in PowerPoint

イメージに合ったイラストを追加する

「歯車」「AI」といった言葉のイメージを伝えて、スライドに入れるイラストを生成できます。スライドの背景イラストやコンテンツとしてのイラストを、イメージどおりに置き換えたり、追加したりしましょう。

スライドの背景に入れるイラストを生成する

　PowerPointのCopilotは、プレゼンテーションを生成するときに、自動で背景のイラストを生成してくれます。ただし、自分のイメージと合わないイラストが生成されることもあります。その場合は、プロンプトの[編集する]から[**次のイメージを追加する**]を使用すると、イメージを指定して背景イラストを生成できます。

　ここでは、4-1節で「Wordファイルを挿入してプレゼンテーションを作る」で生成したプレゼンテーション（P.156参照）のタイトルのイラストを変更していきます。

　まず、背景イラストを生成してみましょう。背景を生成したいスライドを選択して、次の言葉のイメージを伝えます。

> **Prompt**
> 業務効率　歯車

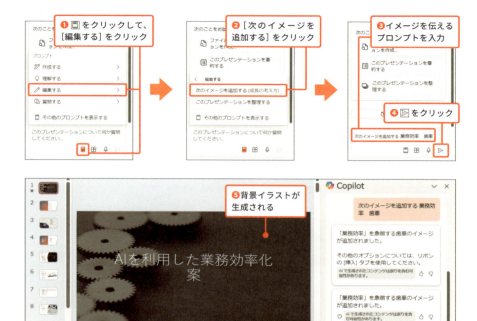

「業務効率 歯車」という言葉のイメージから、イラストが生成されました。意図どおりに生成されなかった場合は、変更したスライドを選択して、Ctrl+Zキーを押すと元に戻せます。戻した上で、言葉のイメージを変更して、再度やってみましょう。

■ コンテンツとしてのイラストを追加する

次は背景イラストではなく、スライド上のコンテンツとしてイラストを追加してみましょう。コンテンツとしてのイラストを追加するには、「**画像を追加する**」というプロンプトを使用します。このプロンプトは、「その他のプロンプトを表示する」をクリックしたあとに、表示される「Copilot Lab からのプロンプト」から探していきます。

「Copilot Lab からのプロンプト」ウィンドウにある [タスク] をクリックすると、「作成」「編集」「質問する」「理解する」の4つのカテゴリでプロンプトを絞り込めます。「画像を追加する」は「編集」で絞り込むと、見つけることができます。

Chapter 4-2　イメージに合ったイラストを追加する

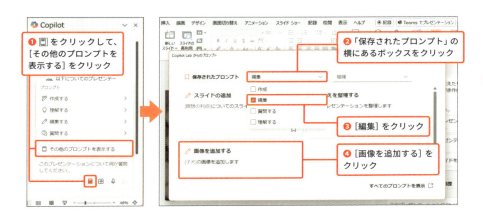

このプロンプトは、「どのようなイラストを追加したいか」といった言葉のイメージが必要になるので、次の言葉のイメージを入力します。

▷ **Prompt**

AI

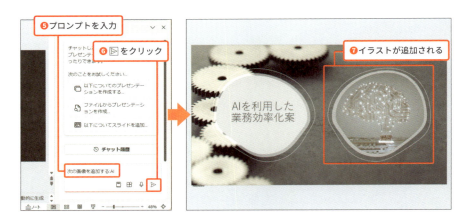

言葉のイメージを元にイラストが追加されました。イラストが意図したとおりに生成されないときは、背景と同じように[Ctrl]+[Z]キーで取り消してやり直しましょう。

163

Chapter 4-3
Copilot in PowerPoint

プレゼンテーションを整理する

生成したプレゼンテーションをセクション分けするプロンプトが用意されています。このプロンプトを使用すると、内容のまとまりごとにスライドがセクション分けされ、セクションごとのタイトルスライドが追加されます。

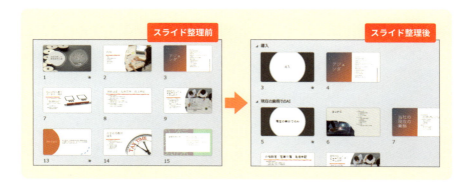

■ セクション分けをする

セクション分けとは、プレゼンテーションの途中に区切りを入れることで、スライドの枚数が多いプレゼンテーションを見やすくすることです。「**1つのセクションの長さ（スライドの数）**」「**プレゼンテーションで伝えたい内容の順番**」などプレゼンテーションの内容や流れを整理できます。

Chapter 4-3 プレゼンテーションを整理する

通常だとセクションを1つずつ設定していく必要がありますが、Copilotは **1回の操作** でプレゼンテーション全体のセクション分けを行ってくれます。

実際に、4-2節でイラストを挿入したプレゼンテーションのセクション分けを行ってみましょう。プレゼンテーションを整理するには、作業ウィンドウの ［編集する］ で ［**このプレゼンテーションを整理する**］ というプロンプトを選択します。

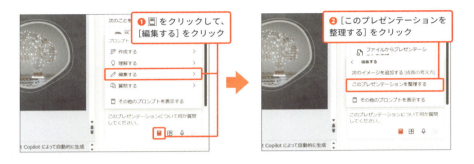

［**このプレゼンテーションを整理する**］ をクリックしたあとは、自動的に「セクション分け」を行ってくれます。

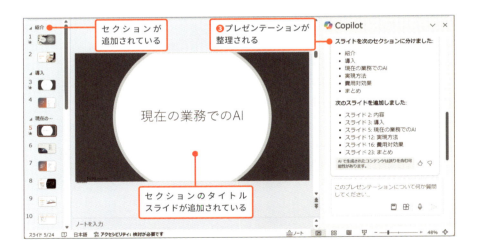

このプロンプトは、セクションごとのタイトルスライドも生成してくれます。ただし、生成してくれるスライドは、シンプルなものが多いので、「4-2 イメージに合ったイラストを追加する」で行ったイラストの追加を行いましょう（P.161参照）。

Chapter 4-4
Copilot in PowerPoint

1枚のスライドを追加で生成する

スライドを追加するためのプロンプトが用意されています。生成したプレゼンテーションに必要なスライドが抜けていたときに、スライドの内容を指定して追加できます。

■ 不足しているスライドを追加する

　AIを利用した業務効率化についてのプレゼンテーションを生成してきましたが、スライドの内容として「AI導入によるメリット」「費用対効果」などがあります。ただし、**「AIがどのようなものか」**といったスライドがありません。そこで、AIについて説明したスライドを追加しましょう。

追加したい場所の上にあるスライドを選択したあと、プロンプトを入力します。追加するスライドの内容は、次のプロンプトのように指定します。

> **Prompt**
> AIとは何か？

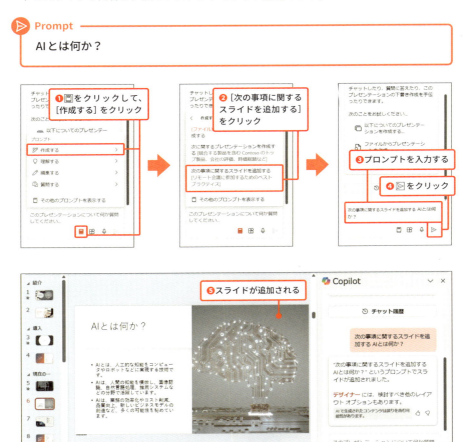

指定した内容のスライドが、選択したスライドの下に追加されました。追加するスライドの内容によっては、うまく生成できないときもあるので、正しい内容で生成されているか確認しましょう。

Chapter 4-5 プレゼンテーションの要点をまとめる

Copilot in PowerPoint

プレゼンテーションを理解するためのプロンプトが、「要約」などを中心に用意されています。このプロンプトを利用すると、プレゼンテーションの内容を短時間で把握できます。

■ プレゼンテーションを要約する

プレゼンテーションを要約するプロンプトは、[理解する] の [**このプレゼンテーションを要約する**] を選択します。[このプレゼンテーションを要約する] をクリックしたあとは、自動的に要約を行ってくれます。

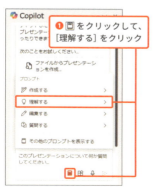

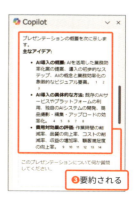

要約された文章の下にある数字をクリックすると、要約文に対応するスライドに移動してくれます。また、数字にマウスポインタを合わせると、スライドに関する説明が表示されます。

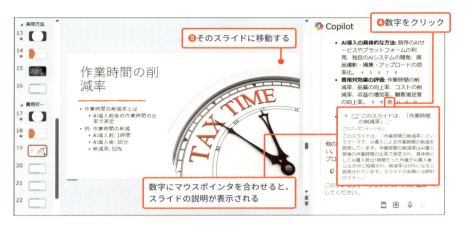

［理解する］に用意されているプロンプト

［理解する］のプロンプトには、要約以外にも次のような項目が用意されています。

- このプレゼンテーションのキースライドを表示する
- 実施項目の表示

また、［その他のプロンプトを表示する］の［理解する］にも同様のプロンプトが用意されています。

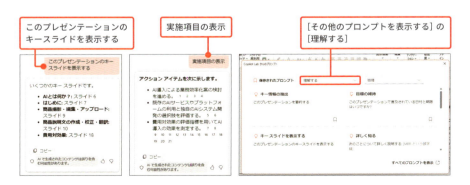

> **Column** デザイン変更は「デザイナー機能」を使う

現在のPowerPointのCopilotは、スライドのデザイン変更を指示できません。例えば、次のプロンプトを入力しても、「**その言葉で私ができることは認識していません。**」と表示されます。

> **Prompt**
>
> このスライドのデザインを変更して

ただし、PowerPointのデザインの変更を行う機能として、**デザイナー機能**があります。[ホーム]タブのCopilotの横にある[デザイナー]をクリックすると、複数のデザインアイデアを出してくれます。表示されたデザインから気に入ったものをクリックすると、選択したデザインに置き換えてくれます。

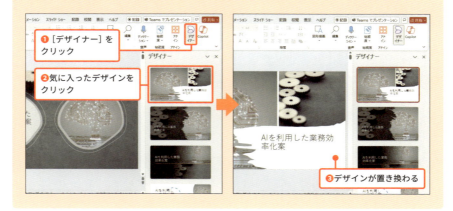

Chapter

5

Outlookで
メールを生成・要約する

誰でもビジネスメールに書き慣れる前は、「文例集」の
助けを借りた経験があるものです。Outlook の Copilot
は、文例集の代わりになる存在です。メールの生成以
外に、やり取りの要約もしてくれます。

CHAPTER 5 Overview　Features & Attention

OutlookのCopilotの特徴

■ できること ■

OutlookのCopilotの利用方法は次の4通りあり、それぞれ機能が異なります。

- 画面最上部の［Copilot］アイコンをクリックして、作業ウィンドウで問い合わせる
- メール作成画面で［Copilot］アイコンをクリックして、メールを下書き＆添削
- ［Copilotによる要約］をクリックして、メールやスレッドの内容を要約
- 左端のナビゲーションにある［Copilot］アイコンからTeamsと同様のチャット画面を表示（P.179参照）

メールやスケジュールを検索

メールの下書き&添削

メールのスレッドを要約して状況を把握する

OutlookのCopilotでできることを整理すると、次のとおりです。

- 文例集代わりにメールの下書きを作らせる
- 同様に返信メールも作成できる
- メール文面の添削やアレンジ
- 英訳
- メールのやり取り（スレッド）の要約

Outlookは広くとらえると文章を作成するツールなので、Copilotの機能や使い方がWordに似ています。

■ 注意すること ■

OutlookのCopilotを使うにあたって、大きな注意点は次の3つです。

- Outlookのデスクトップアプリは、「新しいOutlook」アプリと従来のOutlook（「クラシックOutlook」アプリとも呼ばれる）で操作や使える機能が異なる
- 予定表関連の機能は検索程度しか使えない
- 長いスレッドの要約でエラーが出ることがある

最初に挙げた環境による画面の違いが特に大きく、ここに気づかないとCopilotの機能がほとんど使えないことになってしまいます。

原稿執筆時点でOutlookのPC向けデスクトップアプリには、**「新しいOutlook」「Web版Outlook」**、それに**「従来のOutlook」（「クラシックOutlook」）**の3つがあります。このうち「新しいOutlook」と「Web版Outlook」は画面がほとんど同じですが、従来の「クラシックOutlook」の画面はCopilotを操作するアイコン位置や機能に違いがあったりします。

デスクトップ版の従来のOutlook（「クラシックOutlook」）画面

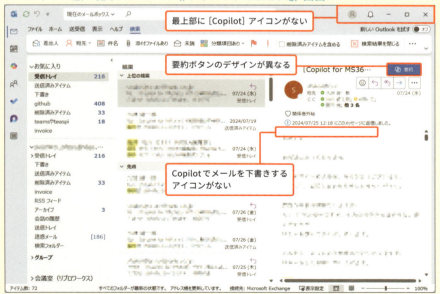

デスクトップ版の「新しいOutlook」画面

Web版との違いは、Webブラウザのタブとアドレスバーがない程度でほとんど同じ

　従来のデスクトップ版クラシックOutlookを使用している場合は、右上の「新しいOutlookを試す」というスライドボタンで切り替え可能ですが、環境によってはエラーが出て切り替えに失敗することがあるようです。また、法人契約では、管理者がこのスライドボタンを表示しない設定にしている場合もあります。その場合は、Microsoft 365のOutlookはデスクトップ版とWeb版を同時に使えるので、Web版を使用してください。本書では、Web版Outlookの画面で解説しています。

　そのほかの違いは些細なものですが、予定表関連は検索のみで、時間変更や時間登録ができません。また、スレッドの要約機能は、やり取りが長いとエラーが発生することがあります。スレッドの要約については、Wordで解決する方法も解説しています（P.196参照）。

Chapter
5-1
Copilot in Outlook

今日のスケジュールや未読のメールを教えてもらう

スケジュールの確認やメールチェックに毎朝時間をかけているビジネスマンは多いのではないでしょうか。ここでは、その日の仕事を始めるときに、Copilotにスケジュールや未読のメールを教えてもらう方法を解説します。

Copilotにスケジュールを教えてもらう

　特定のメールへの操作ではなく、さまざまなメールや予定に対する操作をしたい場合は、[Copilot]作業ウィンドウを利用します。Web版Outlookを開いたら、Outlookの画面最上部の[Copilot]アイコンをクリックして作業ウィンドウを開き、以下のプロンプトを入力してください。

> **Prompt**
> 今日のスケジュールを教えて

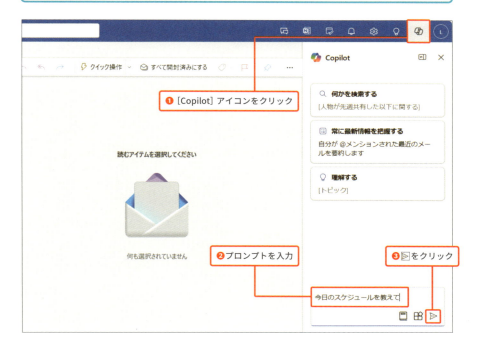

Chapter 5-1　今日のスケジュールや未読のメールを教えてもらう

　作業ウィンドウに今日のスケジュールが箇条書きで表示されました。この回答は、OutlookやTeamsの予定表のデータを元にしています。

　返答の末尾にある数字は、根拠となる情報へのリンクです。クリックするとTeamsが起動し、該当する予定の詳細が表示されます。

　また、プロンプトの「今日」の文言を変更することで、翌日や今週の予定についても確認できます。

> **Prompt**
>
> 明日のスケジュールを教えて
> 今週のスケジュールを教えて

177

■ Copilotに未読のメールを教えてもらう

　また、この作業ウィンドウではメールについて教えてもらうこともできます。次のようなプロンプトを入力してみましょう。

Prompt
未読のメールの件数と内容を教えて

❶ プロンプトを入力して実行

　この画面でも、返答の末尾に数字が表示されています。クリックすることで該当するメールを開くことができます。

❷ 数字をクリック
❸ メールが表示される

　このように、Copilotの作業ウィンドウでは、質問するだけで必要な情報を探し出してもらうことができます。

■ Copilotとのチャット画面を利用する

　この節で紹介した機能は、左側のナビゲーションのアイコンから開けるCopilotとのチャット画面でも利用できます。この画面のCopilotからはOutlookのデータだけでなく、OneDrive上のファイルにアクセスしたり、Copilotの推論の参考になるファイルを添付したりすることができます。

　また、この画面では、Copilot Labから提案されるさまざまなプロンプトも確認可能です。

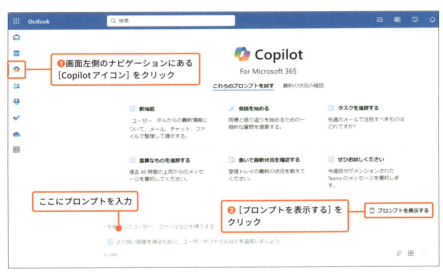

Chapter 5-2
Copilot in Outlook

お詫びメールの文面を考えてもらう

メールを書く仕事は思ったより時間がかかることが多いものですが、中でもお詫びの文章は、時間をかけて慎重に書く必要があります。Copilotに文面の作成を手伝ってもらえば、より効率的に仕事を進めることができるようになります。

Copilotに提案されたメール文面

鈴木課長、誠に恐れ入ります。取引先との打ち合わせが重なったため、社内会議に参加できなくなりました。大変申し訳ございませんが、ご了承いただけますと幸いです。会議の内容につきましては、後日ご教示いただけますでしょうか。

■ メールの文面を作成する

今回は、顧客との打ち合わせが入ってしまい、社内会議を欠席することを課長に詫びるメールの文面を生成します。

新規メールの作成画面を開き、「メッセージ」タブの [Copilot] アイコンをクリックし、[Copilotを使って下書き] をクリックします。なお、[Copilot] アイコンは新規メール作成画面を開くまではリボンに表示されていません。[/] キーを押してもCopilotを起動できます。

❶ [Copilotアイコン] をクリック
❷ [Copilotを使って下書き] をクリック

[Copilotを使って下書き] ウィンドウが表示されるので、以下のプロンプトを入力し、[生成] ボタンをクリックします。

Chapter 5-2　お詫びメールの文面を考えてもらう

> **Prompt**
>
> 取引先との打ち合わせがあるため社内会議を欠席することに関して、お詫びのメールを鈴木課長に送りたいので、文面を作成して

プロンプトを元に、メールの文面が作成されました。

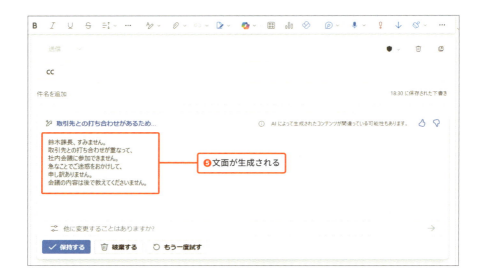

この画面で、[保持する]をクリックすると生成された文面がメール作成画面に反映されます。同じプロンプトでもう一度生成を試したい場合は、[もう一度試す]をクリックします。生成結果を破棄する場合は、[破棄する]をクリックします。
　ここでは確定させず、そのまま次の文面を調整する操作を続けましょう。

■ 文面を調整する

　先ほど生成された文面は、上長に送信するものとしてはややフランクな印象があります。最後の1文である「会議の内容は後で教えてくださいません。」というのも、日本語として違和感があります。自分で修正してもよいのですが、ここではCopilotに調整させてみましょう。プロンプト画面の をクリックして選択メニューを表示します。

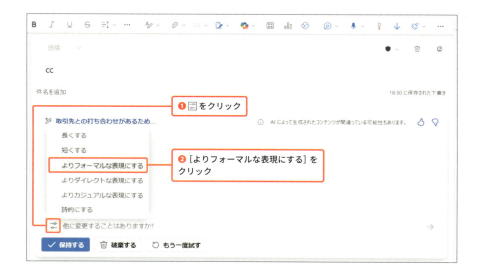

　表示される選択肢のうち、「長くする」「短くする」を選択すると、生成される文章の長さを調整できます。「よりフォーマルな表現にする」を選択するとかっちりとした印象の文章になり、「よりダイレクトな表現にする」を選択すると修飾語が少なくすっきりとした印象の文章に、「よりカジュアルな表現にする」ではくだけた印象の文面が生成されます。送信相手や状況に応じて、ニュアンスを調整してみましょう。
　調整できたら[保持する]をクリックして、メール作成画面に反映します。送信前に改行などを行って読みやすいメールに仕上げましょう。

Chapter 5-2　お詫びメールの文面を考えてもらう

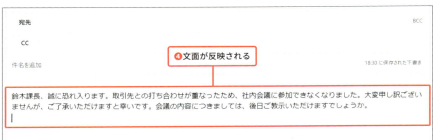

> Column 「詩的にする」を選ぶとどうなる？

P.182の手順❷で表示される文面の調整の選択肢の中に、「詩的にする」というものがあります。例えば、この節で使用したプロンプトから生成される文面に対して、「詩的にする」を選択すると次のような文面に調整されます。

「日々の疲れを癒していますか」「会議の響き」など、特徴的な文体になっており、ビジネス上のコミュニケーションには不向きです。詩や小説のような創作的な文章に向いている選択肢です。基本的にはほかの選択肢を使って文面を調整しましょう。

Chapter 5-3
Copilot in Outlook

対話しながらメールの文面を考えてもらう

会議やセミナーなどの案内メールは「内容」「日時」「場所」など決まった情報を並べて文面を作成します。こういうものこそCopilotに任せて、対話しながら必要な情報をそろえていきましょう。

```
この度は、新製品の発売に伴い、営業部の皆様に研修会を開催することとなりました。研修会では、新製品の特徴やメリット、販売戦略などについて詳しく説明します。研修会は、次の日程で行われます。
日時：7月30日（火）13:00～17:00
場所：本社4階会議室4-B
講師：開発部主任研究員　山崎太郎
参加費：無料
研修会には、営業部の全員の参加が必須となりますので、予定を空けておいてください。また、研修会の資料は事前にメールでお送りしますので、必ず印刷しておち持ちください。資料は研修会後に返却していただきます。
新製品についての研修会は、営業成績に大きく影響する重要な機会です。皆様の積極的な参加をお願いいたします。
```

Copilotと対話してメールを作成

■ 出力された文面の修正を指示する

細かな情報を含むメールをCopilotに生成させる方法には、「大まかな指示で生成させ、あとから修正指示を出す」「最初から細かく指示する」の2通りがあります。ここでは前者の方法で作成します。

まずは文面を生成します。P.180を参考に、メール作成画面で「Copilotを使って下書き」ウィンドウを表示し、以下のプロンプトを入力し、[生成]ボタンをクリックします。

 Prompt

営業部全員に送る、新製品についての研修会の案内メールの文面を作成して

❶プロンプトを入力し、
❷[生成]をクリック

184

Chapter 5-3　対話しながらメールの文面を考えてもらう

生成された文面を見ると、Copilotが勝手に生成した日時、場所、講師などが入っています。以下のプロンプトで修正を指示しましょう。

 Prompt

日時を7月30日（火）13～17時、場所を本社4階会議室4-B、講師を開発部主任研究員　山崎太郎に文面を修正して

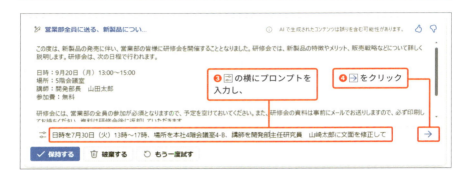

情報が正しいものに修正されました。内容を確認し、メールの作成画面に生成結果を反映しましょう。

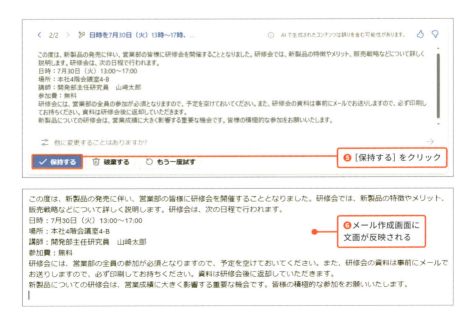

185

Chapter 5-4 Copilot in Outlook
詳細を指示してメールの文面を考えてもらう

メールに入れたい情報が最初からわかっているときは、最初のプロンプトですべて指定した方が効率的です。Copilotが情報をつなぎあわせてメールを生成してくれます。

営業部の佐藤さん

お疲れ様です。経理部のlib_copilot_testです。

先月分の経費精算書について、いくつかの不備が見つかりましたので、ご連絡いたします。
不備のあった箇所は以下の通りです。

・6月12日の接待交際費（接待相手の記載漏れ）
・6月20日の新聞図書費（領収書の添付なし）

上記の不備を修正して、再度経費精算書を提出してください。
再提出の期限は7月26日（金）17時までとなりますので、お早めにお願いいたします。

ご不明な点がありましたら、お気軽にご連絡ください。

> 伝える内容をまとめてCopilotにメールを提案してもらう

■ 箇条書きでメールの内容を指定する

P.180を参考に、メール作成画面で「Copilotを使って下書き」ウィンドウを表示し、以下のプロンプトで文面を生成します。プロンプトには、メールに盛り込む内容を箇条書きで並べます。まず、2行目で生成させるメールの目的や趣旨を指定します。それ以降、項目と内容を「：」で区切って並べます。内容が複数ある場合には、「、」でつなげて並べます。

 Prompt

以下の内容のメールの文面を作成して
・先月の経費精算書の再提出の依頼
・メールの相手：営業部の佐藤さん
・理由：経費精算書の記載の不備
・不備のある箇所：6月12日の接待交際費（接待相手の記載漏れ）、6月20日の新聞図書費（領収書の添付なし）
・期限：7月26日（金）17時

Chapter 5-4　詳細を指示してメールの文面を考えてもらう

　指定した条件を盛り込んだ内容で文面が生成されました。送り手の名前の部分には、利用しているMicrosoftアカウントの名前が反映されます（ここでは「lib_cipilot_test」となっています）。必要に応じて修正しましょう。

　結果を確認して問題がないようであれば、［保持する］をクリックして、メールの作成画面に反映しましょう。

　この節では、依頼メールを生成させましたが、プロンプトの2行目からの記述を変更すれば他の内容のメールも生成できます。

Chapter 5-5 Copilot in Outlook

英文のメールを下書きしてもらう

海外の支社とのやり取りなど、英語のメールで苦労した経験はないでしょうか。そのような場合でも、Copilotを使えば簡単に英文のメールを作成することができます。

英文のメールを作成してもらう

■ 生成結果を別の言語に翻訳する

今回は、まず日本語の文面を生成させ、その結果を英語に翻訳させてみましょう。

P.180を参考に、メール作成画面で「Copilotを使って下書き」ウィンドウを表示し、以下のプロンプトで文面を生成します。

 Prompt

> John Doeさんに、昨日の打ち合わせのお礼を伝えるメールを作成して

❶ プロンプトを入力し、
❷ [生成] をクリック

メールの文面が日本語で生成されました。の横の入力欄に次のプロンプトを入力してください。

Chapter 5-5　英文のメールを下書きしてもらう

Prompt

この文面を英語に翻訳して

文面が英語に翻訳されます。内容を確認し、問題がなければメール作成画面に反映しましょう。翻訳結果が必ずしも正しいとは限らないので、確認は欠かせません。

なお、CopilotがサポートしていないURLには翻訳できません。サポートしていない言語を指定すると次のようなエラーが表示されます。詳しくは以下のマイクロソフトのサポートページを参照してください。

- **Microsoft Copilot でサポートされている言語**
  https://support.microsoft.com/ja-jp/office/microsoft-copilot-94518d61-644b-4118-9492-617eea4801d8

189

Chapter 5-6 メールの返信を考えてもらう

Copilot in Outlook

これまでのOutlookにも、返信の候補を表示するサジェスト機能が存在していましたが、その機能では「承知しました」などの短文しか生成できませんでした。Copilotなら、もっと内容に合わせた自然な文面を生成してくれます。

■ Copilotで返信を下書きする

まずは、メールの返信画面を開きます。

❶受信メールを開き、[返信]か[全員に返信]をクリック

190

メールの返信画面を開くと、画面下部に「Copilotを使って下書き」と表示されます。Copilotがメールの内容を分析して候補を3つ出してくれるので、その中から返信したい内容に一番近いものを1つクリックしてください。

選んだ候補を元に、文面が生成されます。必要に応じて調整した上で、[保持する]をクリックして返信画面に反映しましょう。

なお、提示された候補がどれもイメージに合わない場合は、手順❸の画面で[カスタム]をクリックし、プロンプトを入力して生成してもらいましょう。

Chapter 5-7
Copilot in Outlook

メールの文面を
チェックしてもらう

同僚や上司など第3者にメールを見てもらうと、自分では思いもよらなかった気付きが得られることがあります。Copilotにメールを添削してもらい、より読みやすいメールを書いてみましょう。

■ Copilotにメールの文面をチェックしてもらう

　Copilotは文面の生成だけではなく、添削もできます。ここでは、メール作成画面に自分で書いたメールの文面をCopilotに添削させてみましょう。

「トーン」「閲覧者の感情」「明瞭さ」の3つの観点から指摘をしてくれます。「トーン」はメールの文体・文調に関する指摘です。「閲覧者の感情」はメールの受信者がどのように感じるかに着目した指摘です。「明瞭さ」はメールの内容のわかりやすさに関する指摘です。

スクロールしたり左側の項目をクリックしたりすることで、それぞれの観点の指摘内容を確認することができます。

指摘されている項目を確認したら、「Copilotによるコーチング」のウィンドウを閉じてメールの作成画面に戻ってください。

なお、執筆時点では生成結果に対して指摘をそのまま反映させる機能はありません。活かしたい指摘があれば、ウィンドウを閉じたあと、作成画面で元の文面に修正を入れてください。

Chapter 5-8
Copilot in Outlook

メールのスレッドを要約して経緯を理解する

メールでのやり取りが長く続くと、どのような経緯で現在の状況に至ったのかわからなくなることがあります。Copilotにメールのスレッドのやり取りを要約させれば、話の流れの要点を把握する助けになります。

■ Copilotにメールのスレッドを要約してもらう

現在では、ビジネスに関するコミュニケーションの多くがメールで行われています。メールは便利ですが、大量のメールへの対応で疲弊してしまうこともあるでしょう。自力ですべてのメールに目を通す代わりに、Copilotにやり取りを要約してもらうことで、経緯や状況の把握にかかる時間を減らすことができます。引き継いだ仕事の状況を知りたい場合や、何かしらの事件の原因をつかみたい場合などにも役立つ機能です。

スレッドでやり取りしている、メールを表示します。

要約結果が表示されました。それぞれの文の後ろに付いている数字は、その要約の根拠となったメールへのリンクになっています。

ここでは、要約の4行目の根拠となったメールを確認してみましょう。

このように、必要に応じて実際にやり取りしたメールを確認しながら、経緯を調べていくことができます。

Chapter 5-9 長いメールのやり取りをWordで要約する

Copilot in Outlook

メールでのやり取りが非常に長く続いている場合、Copilotによる要約がうまく働かない場合があります。このような際はメールをWordにコピーし、WordのCopilotで要約してみましょう。

■ メールのやり取りをコピーする

5-8節で説明した手順でメールスレッドを要約した際に、次のようなエラーが表示されるときがあります。そのようなときにはメールのやり取りをコピーしてWordに貼り付け、WordのCopilotで要約してみましょう。

まずは要約したいスレッドの最後のメールを開きます。過去のメールが折り畳まれているので、メール下部の […] をクリックして展開します。

❶ […] をクリック

展開されたら、要約したいやり取りの部分を選択し、コピーします。

■ WordのCopilotでやり取りを要約する

Wordで新規文書を開き、コピーしたメールの文面を貼り付けます。

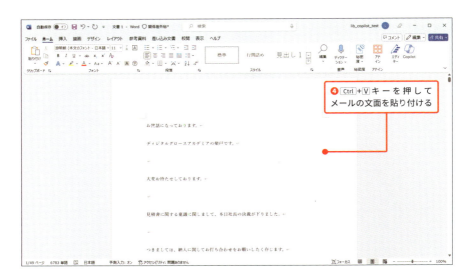

貼り付けたメールのやり取りを要約しましょう。[ホーム]タブの[Copilot]をクリックして、作業ウィンドウを開き、次のプロンプトを実行します。

> **Prompt**
>
> このメールのやり取りを要約して

作業ウィンドウにメールのやり取りの要約が表示されました。

OutlookのCopilotでの要約と同様に、各要約の後ろの数字をクリックすることで、根拠となる文面に飛ぶことができます。

Chapter

6

—

Teamsで
会議の議事録を
生成する

Teams が持つ「文字起こし」機能で、ビデオ会議をテキスト化しておくと、Copilot を使って要約や分析などを行うことができます。

TeamsのCopilotの特徴

■できること■

TeamsのCopilotの利用方法は次の3通りあり、それぞれ機能が異なります。

- チャット欄からCopilotチャットを開き、会議やメールなどの情報について質問
- 会議の詳細画面からAIメモで議事録を作成
- 会議の詳細画面で［Copilot］アイコンをクリックして表示される作業ウィンドウから、会議の内容を分析

会議やメールについて質問

AIメモはCopilotではなく、Microsoft Teams Premiumの機能ですが、法人向けMicrosoft 365に含まれるので、Copilot for Microsoft 365であれば利用できます。

AIメモの確認や会議内容の分析

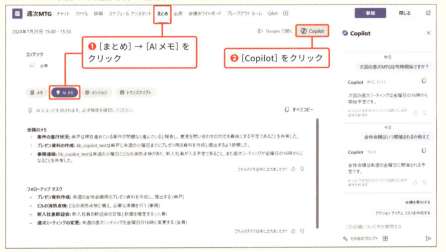

　Copilotチャットと作業ウィンドウは、プロンプトを入力してそれに対して回答が生成されるという点では似ていますが、機能は異なります。CopilotチャットはTeamsの会議や予定だけでなく、メールやファイルなどMicrosoft 365のサービスを横断して回答を生成することができます。一方で、作業ウィンドウでのCopilotはある特定の会議に関して、その内容などを分析して回答することに長けています。

　AIメモは、会議の録画データをもとに、要点や課題事項を拾い上げてくれる機能です。議事録に必要な情報を抽出してくれるため、今までは時間のかかる作業であった議事録作成の効率を上げることができます。

■ 注意すること ■

　AIメモや[Copilot]作業ウィンドウで会議内容を分析するには、会議中に「文字起こし」機能を実行しておく必要があります。文字起こしはビデオ会議の音声からテキストを起こす機能です。

　会議中に文字起こしを忘れた場合は、ひと手間必要になります（P.212参照）。

Chapter
6-1
Copilot in Teams

Copilotチャットを使って会議について調べる

会議が多くなると、どの会議に誰が出席するかわからなくなることもあります。そうした際にはCopilotに聞いてみましょう。Teamsだけでなく、Microsoft 365のサービスを横断して情報を探すことができます。

■ Copilotに会議について質問する

今回は、ある人が参加している会議について、Copilotに聞いてみましょう。
まずは、Copilotとのチャット画面を開きます。

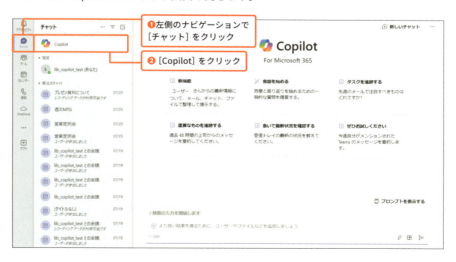

202

Chapter 6-1　Copilotチャットを使って会議について調べる

　そのままプロンプトを入力してもよいのですが、回答の精度を上げるために、対象のユーザーを指定してプロンプトを記述します。

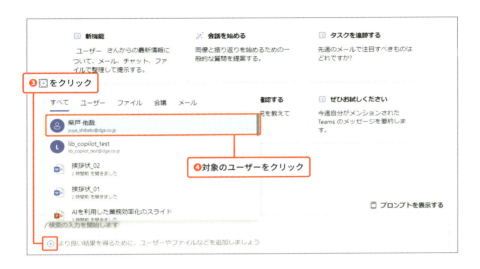

選択した名前が反映されるので、それに続いてプロンプトを入力してください。

> **Prompt**
> ［人名］さんが参加する会議について教えて

203

回答が表示されました。Teamsの会議の情報だけでなく、メールの情報も含めて回答されています。

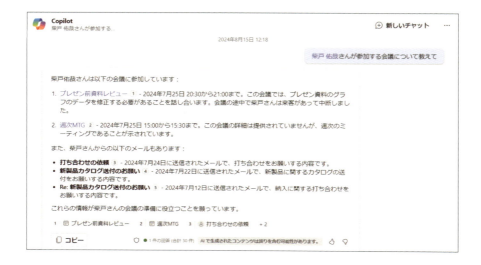

■ 回答に対して質問をする

それでは次に、回答内にあった週次MTGについて、その内容の要約を頼んでみましょう。対象の会議は「文字起こし」されている必要があります（P.206参照）。

まず、回答内の数字をクリックして、プロンプト入力欄に会議名を反映します。

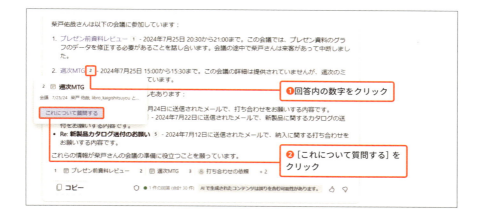

反映された会議名に続けて、以下のプロンプトを入力します。

Prompt

［会議名］の内容を要約して

会議の要約が表示されました。この機能を利用することで、多数の会議があっても、それらの情報を効率よく整理することができます。

Chapter
6-2
Copilot in Teams

ビデオ会議から議事録を起こす

会議に議事録はつきものです。しかし、会議中にメモを取り、その後議事録として体裁を整えるというのはなかなか大変で時間のかかる作業です。Copilotに書記係をやってもらいましょう。

■ 文字起こしを開始する

　Copilotで会議内容を分析するには、まずTeamsの文字起こし機能を使って**トランスクリプト（筆記録）**を生成します。ビデオ会議を始めたら、文字起こしを開始しましょう。

　会話で使われている言語の確認メッセージが表示された場合は、日本語を選択します。

文字起こしが開始されました。会話の内容が右側に表示されます。

❺「文字起こしが開始されました。」と表示される

■ トランスクリプトをダウンロードする

会議が終わったら、トランスクリプトを確認しましょう。カレンダー画面から会議の詳細画面を開き、トランスクリプトを表示します。なお、会議の詳細画面はチャット一覧からも開くことができます。

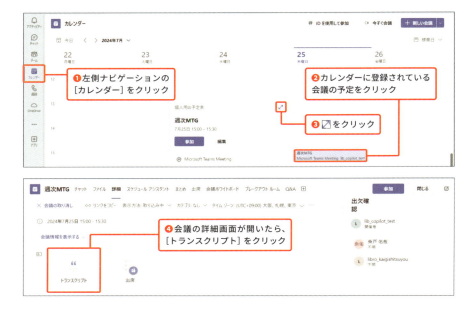

❶左側ナビゲーションの［カレンダー］をクリック

❷カレンダーに登録されている会議の予定をクリック

❸ をクリック

❹会議の詳細画面が開いたら、［トランスクリプト］をクリック

トランスクリプト（文字起こし）が表示されます。スクロールして内容を確認できるほか、検索ボックスから内容を検索することもできます。
　「週次ミーティング」が「囚人イーティング」になってしまっているなど、多少の誤字はありますが、かなり高い精度で文字起こしされているのが確認できます。

　このままCopilotで分析することもできますが（P.210参照）、ここではトランスクリプトのデータをダウンロードする方法を解説します。.docx形式と.vtt形式が選択できます。.docx形式はWordで開けるファイル形式です。.vtt形式は主に動画の字幕をつけるために使われるファイル形式です。ここではdocx形式でダウンロードします。

❺ [ダウンロード] → [.docx形式でダウンロード] をクリック

ダウンロードしたdocxファイルをWordで開くと、発表者名、発言内容の順で記述されています。会議での発言の記録を残すだけなら、このファイルでも十分ですし、会社や部署ごとに決まった議事録の様式があれば、このファイルを元に作成していきましょう。

また、WordのCopilotを使って内容を要約させてもよいかもしれません。要約の方法については、P.59を参照してください。

■ AIメモで議事録をまとめる

会議のトランスクリプトを表示した画面に表示される「AIメモ」機能を使うことで、トランスクリプトから会議の要旨を抽出し、それをもとに議事録を作成することもできます。**「会議のメモ」**には、会議のトピックが表示されています。**「フォローアップ タスク」**には、会議の中で発生したタスクが挙げられています。

どちらもAIが生成したものですから、間違いや漏れがあるかもしれません。トランスクリプトや議事録を確認するのは怠らないようにしましょう。

Chapter
6-3
Copilot in Teams

会議内容を分析する

長時間の会議になると、議事録があってもそこから要点を抜き出すのはなかなか骨が折れます。Copilotで会議内容を分析し、重要なポイントを教えてもらいましょう。会議で発生したタスクを提示してもらうこともできます。

■ 会議のまとめを確認する

6-4節ではトランスクリプトを開いてから、AIメモを表示しましたが、会議の詳細画面からすぐにAIメモを開くこともできます。P.207の手順を参考に会議の詳細画面を開き、画面上のタブで[まとめ]タブをクリックして、開いた画面の[AIメモ]をクリックしてください。会議の要点やタスクがすぐに確認できます。

■会議の内容をCopilotに質問する

AIメモに挙げられた内容以外に知りたいことがあるときは、Copilotに質問してみましょう。画面上部の[Copilot]をクリックすることで、作業ウィンドウが開きます。

ここでは、会議中に話し合われたはずの情報である、「全体会議の開催日」をたずねてみましょう。

> **Prompt**
> 全体会議はいつ開催されるか教えて

Copilotから回答が表示されました。再三の注意ですが、必ずしも正しい内容とは限らないので、トランスクリプトなどを確認し、裏を取るのは忘れないようにしましょう。

Chapter 6-4 Copilot in Teams

録画済みの会議から
テキストを起こす

会議中にTeamsで文字起こしするのを忘れてしまっても、録画が残っていれば問題ありません。Microsoft 365のいくつかのサービスを使って文字起こしを行い、議事録を生成できます。

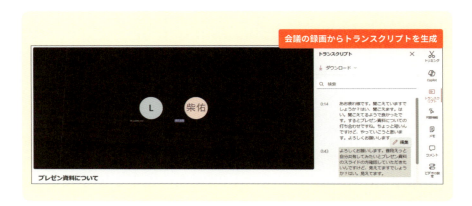

会議の録画からトランスクリプトを生成

■ 会議の録画をStreamで開く

　Teamsでの会議の録画は、Microsoft Stream（以降Stream）というサービスに保存されています。

　Streamは、動画の保存や組織内での共有などができる動画管理サービスで、Microsoft 365に加入していれば追加料金なしで使用できます。Streamには、動画の音声からトランスクリプト（字幕）を起こす機能があり、これを使えば、文字起こししていない会議動画から文字を起こすことができます。ただし、誰が発言したかの情報は含まれていないため、会議中の文字起こしのほうが解析しやすいです。

　それではまず、Teamsでの会議の録画をStreamで開きます。

❶ ［ファイル］タブをクリック
❷ 会議の録画のファイル名をクリック

Chapter 6-4　録画済みの会議からテキストを起こす

ブラウザが立ち上がり、Streamで会議の録画が表示されます。

■ トランスクリプトを生成する

次に、表示された録画のトランスクリプトを生成しましょう。「ビデオの設定」を開き、「トランスクリプトとキャプション」にある［生成］をクリックします。

録画の中で使われている言語の選択が表示されたら指定し、［生成］をクリックすると、トランスクリプト処理が始まります。

数十分かかることもあるので、しばらく待ってください。

■ トランスクリプトを確認・ダウンロードする

　生成が完了すると、右側のメニューに［トランスクリプト］が追加されます。間違いがあれば、［編集］をクリックすることで手動で修正することもできます。

確認し、問題がないようであればダウンロードしましょう。

　ダウンロードしたファイルを開くと、発言時間と発言内容が記載されています。これを元に議事録にまとめたり、WordのCopilotで要約したりしてみましょう（P.59参照）。

Chapter

7

—

プロンプトを極める

本書の最後に「プロンプトエンジニアリング」と、
Microsoft 365のほかのアプリでのCopilotの利用方法
を紹介します。応用的な使い方の参考としてください。

Chapter 7-1 プロンプトエンジニアリング

Copilot prompt

プロンプトを工夫することで、生成AIの回答精度を上げるテクニックを「プロンプトエンジニアリング」といいます。ここではプロンプトエンジニアリングの定番テクニックを、いくつか紹介します。

■ プロンプトエンジニアリングとは何か

　本書をまとめるにあたって、筆者は**「なるべく短いプロンプトで目的を達成すること」**を目指しました。Officeアプリの操作が目的なら、指示はなるべく短く出せたほうが望ましく、がんばって長いプロンプトを書くのはナンセンスだと感じたためです。

　また、ExcelやPowerPointのCopilotは、**あらかじめ土台となるデータ（テーブルやWord文書）を用意する**ところからスタートするため、長いプロンプトを書く必要があまりなかったという理由もあります。

　しかし、生成AI全般に目を向けると、長いプロンプトで精度を上げるさまざまなテクニックが発見されているのも事実です。**プロンプトエンジニアリング**と呼ばれるそれらのテクニックは、Copilotの生成AIとして使われているOpenAIのGPTシリーズでも有効です。

　Wordの章で紹介した情報を列挙するプロンプトも、プロンプトエンジニアリングの一例といえます（P.39参照）。

Wordに与えた長いプロンプト

216

そこで本書の最後では、GPTシリーズの開発元であるOpenAIが公開しているプロンプトエンジニアリングのガイドから、いくつかのテクニックを紹介します。

- 指示を明確にする
- 役割を与える（ロールプレイ）
- 例を示す
- ステップ・バイ・ステップで考えて

なお、プロンプトエンジニアリングの活かしやすさは、Officeアプリによって異なります。ExcelとPowerPointのCopilotでは、プロンプトエンジニアリングの使いどころはあまりありません。WordやOutlookのような文章を書くためのツールでは、役立つことが多いでしょう。

試行錯誤しながらプロンプトを練り上げたい場合は、ChatGPTなどと操作感が近い、**Teamsの「Copilotとのチャット画面」**（P.202参照）や**Web上の「無料版Copilot」**（P.23参照）などを使うことをおすすめします。

TeamsでCopilotとチャットする

■指示を明確にする

「指示を明確にする」はかなりシンプルなテクニックです。Wordの章では、「送付状を作って」という短いプロンプトより、宛先や送付物などの情報を加えたほうがイメージ通りの結果が得られることを説明しました（P.39参照）。これを一般化したものが「指示を明確にする」です。

十分な情報を与え、生成AIが架空の情報を生成する余地を減らしたほうが、適切な結果が得られやすくなります。

■役割を与える（ロールプレイ）

「役割を与える」は、**ロールプレイ**ともいい、AIに対して架空の役割を与える設定です。「書店向けの営業担当のつもりで」「コンピューターに詳しくない高校生のつもりで」「京都に10年住んでいるという設定で」といった条件をプロンプトに含めると、それに関連した回答が得られやすくなります。

■例を示す

プロンプトに**参考例**を含めることでも回答の精度を上げられます。例えば過去に似た業務でやり取りしたメール文などを参考として追加すれば、それを元にした文章を生成してくれます。Copilotの場合は、文例をプロンプトに書く代わりに、ファイルを添付してもいいでしょう（P.62参照）。

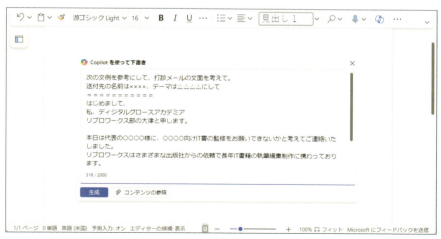

文例をプロンプトに入力

■ ステップバイステップで考えて

「ステップバイステップで考えて（Let's think step by step）」は、プロンプトエンジニアリングのテクニックの中でも謎が多いものです。この一文をプロンプトの最初や最後に加えると、計算問題などの正答率が上がるといわれています。

実際に計算問題のあとに「ステップバイステップで考えて」を付けてみると、解答が箇条書きとなります。

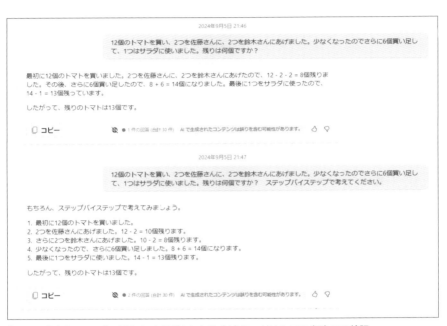

「ステップバイステップで考えて」を付けないとき（上）と、付けたとき（下）での検証

上記の例では付けても付けなくても正答になりましたが、問題によっては正答率が上がるケースがあったそうです。

興味深いテクニックですが、Copilotの場合でいえば、計算問題はExcelを使って解くほうが確実そうですね。

Chapter 7-2 Copilot prompt

Microsoft 365の その他のアプリでCopilotを使う

Microsoft 365には、FormsやPower Automate、Streamなどさまざまなアプリが存在します。それらのアプリでもCopilotが利用可能です。その中から2つご紹介します。

■ FormsのCopilot

Formsは、オンラインフォームを作成して、効率的にデータを収集するアプリです。Webブラウザ内で動くWebアプリなので、Microsoft 365サイトのアプリページから起動します。Formsでは、アンケートの目的や、質問したい内容を列挙したプロンプトを入力すると、フォームを自動生成できます。

❶ Microsoft 365サイトのナビゲーションで「アプリ」をクリック
❷「Forms」をクリック

> **Prompt**
> このアンケートは、従業員の親睦を深めるための飲み会の出欠を確認するためのものです。個人情報や参加可能な日付の選択、食べたいものの希望が含まれています。

❸ Formsの作成画面でCopilotを起動し、プロンプトを入力し実行

Chapter 7-2　Microsoft 365のその他のアプリでCopilotを使う

❹フォームが生成される

■ Power AutomateのCopilot

　Power Automateは、業務の自動化を行うためのアプリで、ローコードツールやRPA（Robotic Process Automation）とも呼ばれます。Power AutomateのCopilotは執筆時点ではまだ実験段階の機能ですが、実用化が進めば、専門的な知識がなくても業務を自動化できるようになります。

 Prompt

SBCreativeからメールが届いたらTeamsのチャットに投稿して

❶Power Automateのトップ画面でプロンプトを入力し実行

❷自動処理の内容が提案される

Index

アルファベット

#N/Aエラー	110
AIメモ	200, 209, 210
AVERAGE関数	119
CHOOSE関数	91
Copilot for Microsoft 365	12
Copilot Lab	28
「Copilot Labからのプロンプト」ウィンドウ	153, 162, 179
Copilot Pro	22
[Copilot]作業ウィンドウ	60, 74, 152, 172, 176
Copilotとのチャット画面	179, 202, 217
Copilotによるコーチング	192
[Copilotを使って下書き]ウィンドウ	30, 180
CSV形式	80
DATEDIF関数	94
ExcelのCopilot	74
FALSE	99
FIND関数	101
FLOOR.MATH関数	93
FormsのCopilot	220
GPTシリーズ	14, 216
IFERROR関数	112
IF関数	96, 114
LEFT関数	101
LEN関数	102
Microsoft 365	12, 27
Microsoft Stream	212
Microsoft Teams Premium	200
MID関数	102
MONTH関数	94
OneDrive	26, 76, 154
OutlookのCopilot	172
Power AutomateのCopilot	221
Power Query	81
PowerPointのCopilot	152
RAG	17
RANK関数	89

RIGHT関数	102
SharePoint	26, 76
TeamsのCopilot	200
TRUE	99
VLOOKUP関数	106
WEEKDAY関数	91
WordのCopilot	30, 196
Wordファイルからプレゼンテーションを生成	156
XLOOKUP関数	106
YEAR関数	94

あ行

新しいOutlook	174
入れ子	98
売上高総利益率	113
英語に翻訳	188
エディター	71
円グラフ	137
折れ線グラフ	136

か行

外部データ接続	84
学習	16
画像を追加	162
機能を検索	72
切り上げ／切り捨て	104
[クエリと接続]作業ウィンドウ	85
クエリの削除	85
区切り文字	100
クラシックOutlook	174
グラフコネクタ	24
グラフを作成	135
クロス集計表	127
校正	69
構造化参照	86

さ行

再生成	49
作業ウィンドウ	18, 68
四捨五入	104

下に挿入 ················ 51	日付フィルター ················ 142
実施項目の表示 ············ 169	ひな形の生成 ················ 41
自動書き換え ·············· 48	ピボットグラフ ················ 122
集計行 ···················· 119	ピボットテーブル ·············· 117
集計表 ···················· 121	[ピボットテーブルのフィールド] 作業ウィンドウ
条件付き書式 ·············· 143	···················· 118, 124
条件付き書式ルールの管理 ········ 144	「標準」スタイルの設定 ·········· 40
シリアル値 ················ 92	表として視覚化 ················ 55
推論 ···················· 16	表引き ···················· 106
スケジュール ·············· 176	ファイルを挿入 ················ 62
ステップバイステップで考えて ···· 219	フィールド ·················· 78
すべての分析情報をグリッドに追加する ···· 131	フィールドの削除 ·············· 125
スライドマスター ············ 160	フィルター ·················· 123
スライドを追加 ············ 166	フォローアップタスク ············ 209
生成AI ·················· 14	プレゼンテーションのキースライドを表示
セクション ················ 164	···························· 169
セクションのタイトルスライド ···· 165	プレゼンテーションを整理 ·········· 164
セマンティックインデックス ···· 24	プレゼンテーションを要約 ·········· 168
セルの書式設定 ············ 133	プロンプト ·················· 12
	プロンプトエンジニアリング ········ 216
た行・な行	平均値 ···················· 117
タイトルバーの検索ボックス ···· 72	棒グラフ ···················· 135
データの分析情報を表示する ···· 130	
データバー ················ 147	**ま行**
[データ分析] 作業ウィンドウ ···· 150	未読のメール ················ 178
データベース形式の表 ········ 77	メールのスレッドを要約 ·········· 194
データを絞り込む ············ 141	メールの文面を生成 ············ 180
テーブル ················ 76, 78	メールの文面を調整 ············ 182
デザイナー機能 ············ 170	メールの返信 ················ 190
テナント ·················· 25	文字起こし ·················· 206
トーン ···················· 49	
トランスクリプト ········ 206, 213	**や行・ら行**
並べ替え ·················· 139	曜日 ······················ 90
ネスト ···················· 98	要約 ············ 59, 62, 168, 198, 204
ノート ···················· 160	レコード ···················· 78
	ロールプレイ ················ 218
は行	論理式 ···················· 97
背景イラストを生成 ·········· 161	
端数処理 ·················· 104	
ハルシネーション ·········· 15, 33	
日付データ ················ 92	

●**本書のサポートページ**

https://isbn2.sbcr.jp/28116/

本書をお読みいただいたご感想を上記 URL からお寄せください。
本書に関するサポート情報も掲載しておりますので、あわせてご利用ください。

●**リブロワークス**

「ニッポンの IT を本で支える！」をコンセプトに、IT 書籍の企画、編集、デザインを手がける集団。デジタルを活用して人と企業が飛躍的に成長するための「学び」を提供する㈱ディジタルグロースアカデミアの 1 ユニット。SE 出身のスタッフが多い。最近の著書は『Excel シゴトのドリル』（技術評論社）、『よくわかる Python データ分析入門』（FOM 出版）、『AWS1 年生 クラウドのしくみ』（翔泳社）、『仕事×IT の基本をひとつひとつわかりやすく。』（Gakken）など。

https://libroworks.co.jp/

Copilot for Microsoft 365
ビジネス活用入門ガイド

2024年10月10日　初版第 1 刷発行
2025年 3月21日　初版第 3 刷発行

著者	リブロワークス
発行者	出井 貴完
発行所	SBクリエイティブ株式会社
	〒105-0001　東京都港区虎ノ門2-2-1
	https://www.sbcr.jp
印刷	株式会社シナノ

カバーデザイン ……………… 米倉 英弘（米倉デザイン室）
執筆 ………………………… リブロワークス（大津雄一郎、井川宗哉、齋藤志野、柴戸佑哉）
デザイン・DTP …………… リブロワークス（峠坂あかり）

落丁本、乱丁本は小社営業部にてお取り替えいたします。定価はカバーに記載されております。

Printed in Japan ISBN 978-4-8156-2811-6